TEMPOS DE ISOLAMENTO
Reflexões e qualidade de vida

José Xavier Cortez
com Goimar Dantas

1ª edição - 2020

© 2020 by José Xavier Cortez
Goimar Dantas

© **Direitos para esta publicação exclusiva**
CORTEZ EDITORA
Rua Monte Alegre, 1074 – Perdizes
05014-001 – São Paulo – SP
Tel.: (11) 3864-0111
cortez@cortezeditora.com.br
www.cortezeditora.com.br

Direção
José Xavier Cortez

Editor
Amir Piedade

Preparação
Agnaldo Alves

Revisão
Alexandre Ricardo da Cunha
Rodrigo da Silva Lima

Capa, ilustrações e projeto gráfico
Nêio Mustafa

Obra em conformidade ao
Novo Acordo Ortográfico da Língua Portuguesa

Dados Internacionais de Catalogação na Publicação (CIP)
(Câmara Brasileira do Livro, SP, Brasil)

Cortez, José Xavier
    Tempos de isolamento: reflexões e qualidade de vida /
José Xavier Cortez; Goimar Dantas. – 1. ed. – São Paulo:
Cortez Editora, 2020.

    ISBN 978-65-5555-031-3

    1. Covid-19 – Pandemia 2. Distanciamento social
3. Isolamento social 4. Literatura brasileira 5. Memórias
6. Reflexões I. Dantas, Goimar. II. Título.

20-46478   CDD-869.803

Índices para catálogo sistemático:

1. Memórias: Literatura brasileira 869.803

Aline Graziele Benitez – Bibliotecária – CRB-1/3129

Impresso no Brasil – outubro de 2020

Aos meus netos,
Julio Cesar e João Vitor,
que herdarão o mundo.

Agradecimentos

Nesses cinco meses, escrevi sobre minhas vivências, reflexões e inseguranças em torno dessa trágica situação pandêmica que atinge a todos nós. Enquanto sigo afastado do convívio social, tenho contado com o apoio de muitas pessoas. Além das minhas filhas Mara Regina, Marcia e Miriam, que se preocupam e cuidam do meu bem-estar de forma impecável, agradeço, ainda, a Eduardo e Thiago, pais dos meus netos, Julio Cesar e João Vitor.

Prossigo contando, também, com a benevolência e o profissionalismo dos colaboradores da Cortez Editora e Livraria, (a partir de agora, Cortez Editora), que seguem engajados, lutando, apesar dos desafios e dificuldades do caminho, para manter atuante essa nossa empresa, cuja missão é compartilhar conhecimento. A todos os que continuam nessa caminhada conosco, meu eterno agradecimento.

Para escrever este texto, recorri a alguns familiares a fim de reavivar minha memória a respeito de fatos acontecidos há sessenta, setenta anos. Aos que me socorreram e estimularam minhas recordações, meu muito obrigado.

Quero agradecer, de antemão, aos que compartilharem essa leitura comigo, porque acredito que as palavras, estejam elas impressas ou digitalizadas, são laços capazes de nos unir, mesmo quando estamos em tempos e espaços distintos.

Faço questão de agradecer, ainda, aos meus incríveis, hábeis, sábios autores e autoras – essenciais à composição da minha jornada profissional. Da mesma forma, fica aqui meu muito obrigado aos assessores editoriais e aos membros dos conselhos que compõem a Cortez Editora. Desejo agradecer, também, aos amigos e colegas do segmento livreiro e editorial, pelo apoio e pelo longo caminho que juntos continuamos percorrendo.

Meu muito obrigado aos que, de maneiras diversas, vêm compartilhando da minha companhia nestes tempos tão duros, dentre os quais a minha professora Elsa Del Milagro, com quem, há dez anos, tive aulas presenciais de espanhol em

São Paulo. Hoje, mesmo morando em Lima, no Peru, Elsa voltou a me ensinar o idioma de Cervantes durante a pandemia, aos finais de semana, graças às possibilidades do universo digital. Agradeço, ainda, ao Nêio Mustafa, que se predispôs a cuidar da capa e do belo projeto editorial desta obra.

Por fim, cito duas pessoas de extrema importância, pois me trouxeram a paz e o conforto necessários à redação deste livro: Aldeny de Souza Cruz e Ana Maria de Andrade e Silva.

SUMÁRIO

"E no princípio era o verbo", 13

Se puder, fique em casa: castigo ou oportunidade?, 23

Sobre o tabagismo e o modo inusitado de abandoná-lo, 31

Solidariedade: Edifício Marina V, 43

Envelhecer com qualidade de vida, 49

O que é oportunismo e oportunidade para nós?, 63

75 anos da Segunda Guerra Mundial, 73

"Alguma coisa acontece no meu coração", 81

Dia das Mães, 87

De agricultor a marinheiro: percalços e conquistas de um jovem brasileiro, 95

Um pouco de história (sobre ser editor), 121

Rodas de conversa, 133

Os netos e os livros, 151

Sobre acauãs e asas-brancas, 161

Cordel da Cortez, 167

Bienal da Família, 183

Bibliografia, 199

"A peste não é nada mais, nada menos que um evento exemplar, a irrupção da morte que confere à vida sua seriedade".

(Susan Sontag, em *Doença como metáfora. AIDS e suas metáforas*)

"O que estamos vivendo pode ser a obra de uma mãe amorosa que decidiu fazer o filho calar a boca pelo menos por um instante. Não porque não goste dele, mas por querer lhe ensinar alguma coisa. 'Filho, silêncio.'"

(Ailton Krenak, em *O amanhã não está à venda*)

"E no princípio era o verbo"

Aos 83 anos, pela primeira vez, ousei enfrentar o desafio de escrever um livro. Essa é minha primeira experiência nesse ofício, após ter publicado, como editor, mais de 1.300 títulos pela Cortez Editora ao longo de pouco mais de cinquenta anos no mercado livreiro e editorial. Como muita gente que viu sua vida mudar neste inevitável período de isolamento imposto pela pandemia da Covid-19, decidi aproveitar o momento para inovar, criar, seguir produzindo. Confesso que foi, também, uma maneira de tirar o foco de uma enfermidade que, nos últimos 23 anos, volta e meia ressurge para perturbar meu juízo.

Mas escrevi, sobretudo, porque acredito ter o que contar e porque aposto que algumas escolhas podem fazer muita diferença em termos de qualidade de vida, especialmente quando nos tornamos parte da emblemática população de idosos – que merece muito mais discussões, políticas públicas e holofotes do que infelizmente vem obtendo.

Convivo com o mundo educacional e cultural, do qual faço parte também como "estudante". A leitura mais diversa entrou na minha vida tardiamente, a partir do ingresso na Universidade, e se tornou – ainda bem! – minha companheira, e nela percebi que encontro "remédio pra tudo". Por isso pensei que, talvez, estes escritos também possam, quem sabe, exercer uma influência positiva em alguém que venha a lê-los. Comecei por preencher as primeiras folhas em branco partindo de vagas lembranças e, no conjunto, foram surgindo (deve ser o que acontece com os escritores) temas observados ou vividos na atualidade, questões que defendo hoje.

Contemplo o que fiz, celebro o que lembrei, tanto que resolvi expor essas memórias e reflexões com palavras que vêm em meu auxílio tecer o texto da vida, a começar pelo título deste próprio texto, que remete a uma conhecida passagem bíblica, presente no primeiro capítulo do Evangelho de João. Desde sempre, a importância dos verbos/palavras segue firme na história e na nossa vida pessoal. Nesses tempos obscuros em que vivemos, termos como "compartilhar" e "cooperar" são – ou deveriam ser – a força motriz de nossas ações e pensamentos. Em seu ensaio *Na batalha contra o coronavírus, faltam líderes à humanidade*, o historiador israelense Yuval Noah Harari nos lembra: "O verdadeiro antídoto para epidemias não é a segregação, mas a cooperação".

A última palavra da frase de Harari destaca, justamente, a ação de cooperar, cada vez mais imprescindível nestes tempos de quarentena vividos em 2020 devido à epidemia da Covid-19, que, em 4 de outubro, data em que finalizamos este livro, já havia contaminado, no Brasil, 4.263.208 pessoas, vitimando 146.352[1], sem contar os casos não notificados que, sabemos, são muitos. Por ora, a melhor forma de cooperar é, para os que podem ter esse luxo, ficar em casa, evitando a propagação dessa doença extremista, capaz de provocar tanto sintomas levíssimos em alguns, quanto quadros gravíssimos em outros, levando-os à morte.

E ao pensar na força dessas palavras, fui tomado por imenso desejo de escrever estes textos aqui

---

1 - Disponível em: https://susanalitico.saude.gov.br/extensions/covid-19_html/covid-19_html.html. Acesso em: 5 out. 2020.

"E no princípio era o verbo"   15

apresentados com duas preocupações principais: a primeira é compartilhar algumas das minhas experiência e reflexões provenientes das minhas mais de oito décadas de vida; a segunda é, por meio dessas vivências e percepções, cooperar para que possamos usufruir de uma aproximação possível nesse período que, em contrapartida, impõe o isolamento. Creio que, ao trocar experiências sobre o que vivemos, pensamos e produzimos nessa época de exceção, poderemos, quem sabe, nos fortalecer de forma conjunta e nos erguer dessa grande adversidade que, entre outras limitações, vem significando, para alguns, doses extremas de solidão e, para outros, de convívio (no geral, com a família).

Ambas as situações exigem paciência, resiliência, tolerância, equilíbrio físico e mental. Verdade é que o mundo enfrenta pestes desde sempre, porém essa é a primeira pandemia vivenciada nessa época marcada pelos avanços científicos e tecnológicos, associados à rapidez da informação. Sabemos, portanto, dos benefícios do isolamento e das medidas de higiene, e boa parte do planeta adotou essas normas no intuito de evitar o contágio. Diferentemente disso, no Brasil, o próprio Governo Federal desdenhou, desde o princípio da pandemia, da importância do isolamento e da letalidade do vírus. O resultado vemos nos altos índices de mortes e no colapso da saúde em vários Estados da Federação.

Por curiosidade, conhecedor dos limites dos meus saberes, comecei a pesquisar sobre doenças e temas correlatos que, verdade seja dita, não faziam parte das minhas grandes preocupações. Como surge essa ou aquela doença? Como essas enfermidades se expandem a ponto de originar surtos, endemias, epidemias e, finalmente, pandemias – como essa que vivemos hoje, responsável pela perda de tantas vidas? Tudo isso a história registra. Em séculos passados, outras pandemias dizimaram milhares, por vezes milhões de indivíduos.

No século XIV, a chamada peste negra exterminou um terço da população europeia. Em 1918, como nos lembra Harari no ensaio já citado, a gripe espanhola, provocada por "uma cepa de gripe particularmente virulenta [...] infectou meio bilhão de indivíduos – mais de um quarto da espécie humana. Estima-se que a gripe tenha matado 5% da população da Índia. No Taiti, 14% dos ilhéus morreram. Em Samoa, 20%. Ao todo, a pandemia matou deze-

"E no princípio era o verbo"   17

nas de milhões de pessoas – podendo chegar a cem milhões, em menos de um ano. Foi mais do que se matou em quatro anos de batalhas brutais na Primeira Guerra"[2].

O historiador nos lembra, ainda, que as diferenças impostas pela passagem do tempo entre uma pandemia e outra são inúmeras. Entre elas, a rapidez dos processos de transmissão decorrentes da velocidade dos transportes. Os aviões, por exemplo, carregam portadores do vírus entre continentes os mais longínquos em menos de 24 horas, espalhando a doença de forma eficiente e veloz pelo planeta. Acrescente-se a isso o fato de que a população mundial é muito maior do que há um século. Outra mudança substancial está no fato de que nunca tivemos tanto acesso à informação, notícias, análises, pesquisas.

Vale registrar que nossa Editora, fundada há quarenta anos, tem dado prioridade à publicação de livros e revistas que tratam essencialmente das grandes questões sociais e educacionais do nosso

---

2 - Yuval Noah Harari, *Na batalha contra o coronavírus, faltam líderes à humanidade.* Trad. Odorico Leal. São Paulo: Companhia das Letras, 2020.(*E-book*).

país. E no que se refere a epidemias, entre nossos títulos publicamos a obra *Meningite: uma doença sob censura?* (Cortez Editora, 1988), de Rita de Cássia Barradas Barata. A obra aborda a história da epidemia de meningite ocorrida na cidade de São Paulo na década de 1970, cujo auge se deu entre 1974-75, há quase cinquenta anos. Cotejando a situação descrita pela autora com o que ocorre hoje na cidade de São Paulo e no Brasil, constatamos que pouco avançamos em relação à falta de leitos, hospitais, desigualdade social, ausência de políticas públicas para atender, principalmente, a população carente, pertencente ao estrato social no qual os números de mortos se avolumam. O que avançou, sem dúvida – como já disse Harari –, é o acesso à informação.

E como tudo tem dois lados, está aí uma mudança capaz de causar muita preocupação e ansiedade. No meu caso, cheguei a um ponto em que não aguentava mais ficar refém do noticiário repetitivo 24 horas por dia, e isso também contribuiu para minha decisão de escrever este misto de crônicas, memórias e reflexões.

Espero que minhas palavras possam, de alguma forma, estabelecer uma ponte entre nós. Um modo de ligar minhas experiências particulares aos repertórios mais universais possíveis, mesclas de vivências de cada um de vocês, leitores. Dito isso, preciso revelar que meu forte sempre foi muito mais a publicação do que a escrita propriamente dita e, por isso mesmo, contei com o auxílio da jornalista Goimar Dantas, uma das autoras de minha biografia *Cortez – A saga de um sonhador* (Cortez Editora, 2010), que, por meio de textos e depoimentos que lhe concedi de forma *on-line* durante esses meses de quarentena, organizou e editou esses meus escritos. Estou convicto de que, como editor, meu legado fundamental serão os livros, as palavras e todo o conhecimento derivado deles.

É a primeira vez, no entanto, que tento fazer isso de forma mais pessoal e intimista. Foi uma experiência singular que, posso assegurar, me manteve ativo mentalmente e entusiasmado a ponto de me apartar de qualquer resquício de depressão e tristeza nesses meses de confinamento. Reviver memórias e refletir sobre o presente, escrevendo-as, me trouxe energia suficiente para buscar formas de compartilhar sentimentos de ordens diversas. Um mergulho profundo na minha própria vida.

Nas minhas saudades, medos e desafios, mas também no que tenho de mais positivo: a vontade de aprender e de viver intensamente, desde quando ainda trabalhava na agricultura de subsistência, no sertão do Rio Grande do Norte, passando pela experiência como marinheiro, até alcançar a virada honrosa e definitiva que me transformou em livreiro e editor. Tenho muito a contar e será uma honra ter a sua companhia nesta conversa. Já mencionei que meu legado são mesmo as palavras. Mas as deste livro, posso assegurar, são muito mais minhas do que todas as outras, generosamente a mim confiadas, e as quais já ajudei a levar ao mundo.

"E no princípio era o verbo"

Se puder, fique em casa: castigo ou oportunidade?

Quis o destino que o período de exceção imposto pela Covid-19, pandemia sem precedentes neste século XXI, a qual vem resultando no confinamento que estamos vivendo, me trouxesse mais um grande desafio a se somar aos tantos já superados em meus 83 anos. A essa altura do campeonato, ainda me sinto bastante ativo e, antes de ter a rotina afetada pelo isolamento social, fazia questão de comparecer à Cortez Editora todos os dias.

Porém, a despeito de minha longevidade e autonomia, a quarentena forçada me fez sentir novamente um menino, mas, dessa vez, não por receber ordens de minha mãe, Alice, mas sim das minhas filhas, Mara, Marcia e Miriam, que, após a instituição da quarentena, me ordenaram, taxativas: "Fique em casa!". Imediatamente me ocorreu que não ouvia ordens semelhantes desde o início dos anos 40 do século passado. Sabe-se lá o que é isso? Ser alguém com idade o bastante para carregar consigo oito décadas de memórias?

Todo esse tempo sobre a terra me traz não apenas uma quantidade impressionante de lembranças, experiências, perdas e ganhos, mas me oferece, sobretudo, o nada agradável passe-livre para compor o grupo de risco que pode ser acometido por esse inimigo visível, somente, aos olhos de cientistas que o enxergam por potentes microscópios. Em outras palavras: sou idoso o bastante para possuir as tais "comorbidades" – palavrinha incomum e horrorosa que passou a fazer parte dos noticiários sobre a Covid-19.

Não é mole estar nesse grupo, mas, quando penso em tremer na base, vem-me à cabeça aquela máxima de Euclides de Cunha: "O sertanejo é, antes de tudo, um forte". Daí estufo o peito lutando para acreditar no autor de *Os sertões* e aproveito a energia poderosa dessa frase para caminhar pelos cômodos da casa, novidade que parece estar no topo dentre os exercícios físicos mais praticados ultimamente.

Mas, voltando às ordens que recebi das filhas, a diferença é que, dessa vez, a determinação para que eu ficasse em casa não nasceu de um castigo decorrente de alguma de minhas travessuras da meninice. Neste outono de 2020, a diretriz veio de uma preocupação pertinente e amorosa em relação à minha sobrevivência.

Ser privado de liberdade era uma punição comum na educação das crianças de tempos idos. E os temores disseminados pela Covid-19, vejam vocês, veio desenterrar minha recordação mais antiga de uma situação de isolamento, ocorrida quando tinha quatro anos. É isso mesmo: há 79 anos, para ser exato.

Certo dia, perto da hora do almoço, recebemos em nossa casa, no sítio São Miguel[3], município de Currais Novos, Rio Grande do Norte, onde moramos por uns quatro anos, a visita de alguns familiares. Por sorte, não faltava carne, porque meu pai trabalhava com essa mercadoria: matava o boi e

---

3 - Cortez nasceu e foi criado no Sítio Santa Rita, distante uns três quilômetros do Sítio São Miguel, que pertencia a seu tio, Xinda Xavier, irmão de seu pai, Mizael. O tio se ausentou do Sítio São Miguel para trabalhar em outra cidade e, por isso, convidou a família do irmão para morar em sua casa enquanto estivesse fora. Ao fim de quatro anos, Xinda regressou e Mizael voltou para o Sítio Santa Rita com a família.

Se puder, fique em casa 25

tratava a carne, salgando-a para a conserva. Assim, transformava-a na tradicional "carne de sol" e, aos domingos, vendia o produto na feira da cidade de Campo Redondo. Para esse tal almoço em que recebemos as visitas, especificamente, chegaram entre oito e dez pessoas adultas que, para fazer a refeição conosco, precisariam de um número de garfos e facas superiores ao que tínhamos para degustar aquela carne de sol bem temperada, assada na brasa, no único fogão a lenha existente no sítio.

Na hora de preparar a mesa, minha mãe percebeu a falta de talheres e, da cozinha, me chamou: "Zé, venha aqui, meu fio. Vá já na casa de sua tia Osana e diga a ela pra me emprestar uma meia dúzia de garfo e faca. Mas vá logo!". A casa ficava a cerca de um quilômetro, do outro lado do riacho. Lembro-me de que peguei meu chapéu de palha novo, trazido da feira de Campo Redondo, com o qual meu pai, Mizael, havia me presenteado, e saí numa carreira só.

Creio que em três ou quatro minutos estava na casa de minha tia. Dei o recado e, com rapidez, ela embrulhou os talheres num pano branco de cozinha e me entregou. Me mandei de volta na mesma pisada e, ofegante, entreguei o embrulho à minha mãe.

Fui para a sala curioso, porque sempre gostei de observar as falas de gente grande, dos adultos, apesar de, naquela época, não ser permitido crianças atrapalhando as conversas dos mais velhos. Algum tempo depois, minha mãe anunciou que o almoço estava servido. Nós, crianças, comíamos longe dos adultos, na cozinha.

Terminei antes dos meus irmãos e corri até à sala onde meus pais e as visitas finalizavam a refeição. Fiquei por ali, rodeando e, em determinado momento, com aquela ingenuidade característica dos pequenos, soltei em alto e bom som: "Eita, como tem garfo e faca aí na mesa! Eu que fui buscar na casa da tia Osana!". Disse isso enquanto mostrava os talheres do prato do meu pai, diferentes dos demais.

Joguei a informação e fiquei por lá, até que minha mãe se dirigiu à cozinha e me chamou novamente. Naquele espaço enorme, de uns trinta metros, ela, que no geral era muito doce e afetuosa, me puxou pela orelha até o canto mais distante em relação à sala, para que ninguém escutasse. E uma vez ali, me deu uma porção de "cocorotes", intercalando-os com a proibição típica daquelas situações: "Não chore, seu cabra! Quem mandou você falar

Se puder, fique em casa   27

dos garfos e facas de comadre Osana? E fique aí de castigo até o povo sair".

Foi essa minha primeira privação de liberdade. Já compreendi que o confinamento vivido agora tem dessas: reavivar memórias da ausência de malícia infantil e da braveza materna, vindas de carona (sim, carona, e não corona, por favor!) nessa máquina do tempo que vos fala. Tudo isso para dizer que a quarentena serve também para revirar recordações e histórias, fazendo com que – no meu caso –, 79 anos depois, eu possa olhar com o carinho necessário para perdoar tanto a inexperiência do garoto, quanto o nervosismo materno decorrente, tudo indica, não só da revelação de que a casa não tinha talheres suficientes para as visitas, mas do acúmulo de problemas da vida dura, atarefada e sem descanso das mulheres sertanejas. Mulheres que, como minha mãe, tinham dez filhos ou mais. Aliás, lá em casa nasceram dezessete no total, dos quais dez sobreviveram. Fui o primogênito e, portanto, *test drive* de erros e acertos.

E se me permitem não uma ordem, mas um conselho desse octogenário que há seis anos vem aprendendo cada vez mais sobre a vida com a melhor das funções já inventadas pela humanidade (ser avô do Julio e do João): se puderem, fiquem em casa e aproveitem o período para fazer as pazes com o passado, incluindo, claro, as pessoas que povoaram suas vidas de histórias, sejam elas boas ou nem tanto.

Como diz o velho ditado: "Faça de um limão uma limonada". E, nesse mesmo espírito, sugiro: faça do confinamento uma oportunidade para viajar no tempo.

Sobre o tabagismo e o modo inusitado de abandoná-lo

Nasci e me criei trabalhando na agricultura de subsistência, no Sítio Santa Rita, distante 25 quilômetros do município de Currais Novos, no Rio Grande do Norte. Naquela época, a água que abastecia nossa casa era retirada direto dos açudes, e quando estes secavam, vinha das cacimbas dos rios intermitentes, trazida em latas ou barris e depositada em potes de barro. Hoje, existem as cisternas para armazenar a água da chuva e, na sua falta, chega por meio de carros-pipa. Já a energia elétrica só apareceu por aquelas bandas no início deste século, em 2003.

Nesse ambiente de natureza por vezes hostil, com estiagens prolongadas castigando seus moradores, meus pais, Mizael e Alice, criaram seus dez filhos, dos dezessete que vieram à luz. Nascemos e nos criamos na casa-grande quase centenária, com dezessete cômodos somando uns 250 metros quadrados.

Casa que, aliás, permanece firme ainda hoje, tendo abrigado inúmeras reuniões familiares em tempos pré-pandemia.

Lembro bem da arquitetura e da mobília dessa morada desde meus primeiros anos. A sala de jantar, contígua à grande cozinha, com seu fogão a lenha, dispunha de uma mesa retangular (substituída recentemente), que atravessou o século passado, e cujos assentos eram compostos por um banco grande, cadeiras e tamboretes que acomodavam, de forma satisfatória, dez pessoas.

A cabeceira da mesa era o lugar reservado a meu pai. Ao lado direito de seu assento, havia uma gaveta onde guardava os pertences destinados à elaboração do produto do seu vício: o cigarro. Tão logo a abria, o ambiente era tomado pelo cheiro forte, adocicado, típico do chamado fumo de rolo ou de corda. De imediato, sacava dali uma tábua de uns trinta centímetros, quadrada, reservada para picar o fumo, sempre usando para isso uma faca de tamanho médio, bem afiada. Na sequência, enrolava o fumo em um papel de mais ou menos dez centímetros, adquirido para finalizar o produto desse hábito que, à época, ainda tinha muito de artesanal.

No entanto, em algumas ocasiões, não usava esse papel como invólucro para o cigarro, optando

32   *Tempos de Isolamento*

por folhas mais finas, retiradas da espiga de milho e deixadas secar ao sol, de modo que ganhassem textura e espessura apropriadas para revestir o rolo estreito e comprido de tabaco. Na hora de acender o cigarro, dispunha de uma caixa de fósforos ou isqueiro. Mas, volta e meia, quando a lenha do fogão ainda estalava, avermelhada pela quentura do fogo, nos pedia para trazer uma "brasa". Às vezes, trazíamos o próprio tição ou um pregador confeccionado em casa, com um pedaço de arame.

O interior da gaveta guardava, ainda, um corrimboque (que é uma caixa feita da ponta do chifre do boi), onde nosso pai mantinha o rapé, que é o tabaco torrado, em pó, para cheirar, e que o pai usava, eventualmente, quando estava resfriado. Nessas ocasiões, levava às narinas uma pitada de rapé, que, aliás, nós conhecíamos apenas pelo nome de "torrado".

Era um ritual pós-jantar, em geral finalizado às 19 horas. Quando o ano era bom de chuvas, trazendo fartura e abundância de cereais, o pai nos reunia em volta da mesa, tomada por pilhas de feijão ou milho, a serem debulhados com a ajuda do imenso grupo de filhos – e, às vezes, o trabalho sobrava até para as visitas. Então, permanecíamos ali, na sala iluminada sob a luz da lamparina ou

Sobre o tabagismo   33

candeeiro, oportunidade em que a família, reunida, aproveitava para botar em dia a conversa sobre a lida cotidiana e outras situações corriqueiras da vida simples e rural. Por vezes, nosso pai contava histórias de Trancoso[4]. Até me emocionei quando, quarenta ou cinquenta anos depois, folheando alguns livros de Câmara Cascudo, li algumas daquelas histórias.

Era comum recebermos visitas de amigos, primos, crianças da redondeza, principalmente em noites de lua cheia. Sem esboçar cansaço, saíamos de casa para o terreiro ao lado, onde costumávamos brincar de tica[5] ou cabra-cega. Incontáveis foram as vezes em que um de nós saía com o pé ensanguentado após ter dado uma "topada" numa pedra ou pisado em falso naquele terreno desigual.

Com o passar dos anos, à medida que os irmãos foram crescendo, saindo de casa e constituindo suas próprias famílias, essa realidade se transformou

---

4 - Provenientes dos *Contos e histórias de proveito e exemplo*, de Gonçalo Fernandes Trancoso, cuja primeira edição data de 1575. A obra teve inúmeras edições até o século XVIII. Seus contos possuíam caráter popular, folclórico, não raro apresentando conteúdo na linha ético-religiosa. Informações disponíveis em texto de Fernando Ozório Rodrigues, no *link*: http://www.filologia.org.br/abf/rabf/9/064.pdf. Acesso em: 1 ago. 2020.

5 - O mesmo que pega-pega.

por completo: vieram noras e genros, netas e netos. E para além dos novos membros da família, uma das mudanças mais significativas dizia respeito ao comportamento de meu pai. Com o tempo, seu Mizael abandonou o perfil durão e sisudo e assumiu um temperamento tão afetuoso quanto o de minha mãe.

O que não mudou em meu pai, trabalhador incansável e honesto ao extremo, foi o fato de permanecer um fumante inveterado, conservando esse mau hábito prejudicial pela vida inteira, até praticamente seu falecimento, aos 85 anos. Dos dez filhos, sete eram homens e, desses, seis fumavam. Dois abandonaram o tabagismo há anos. Já entre as três mulheres, duas fumam. Com base nesse histórico, uma estatística surpreendente pode ser observada na geração posterior: dos 32 netos de Mizael e Alice, apenas uma pessoa integrante desse grupo é fumante. E dentre os bisnetos e bisnetas acima de quinze anos, número que chega a 38 descendentes dessa nova geração, ninguém fuma. Creio ser inusitado que entre setenta pessoas da família, 69 não tenham adquirido o hábito de fumar.

Certamente, nós, filhos e filhas que fumaram ou fumam, não podemos culpar apenas nosso pai

Sobre o tabagismo

como único responsável por nossa opção pelo cigarro. Se assim fosse, muitos dos netos também se entregariam ao tabagismo, o que não aconteceu. Há todo um contexto histórico envolvendo, principalmente, maior disseminação de informação sobre os malefícios extremos do cigarro, que, a bem da verdade, durante muitos anos, foi uma espécie de moda, impulsionada, inclusive, pela arte.

O cinema, por exemplo, nos anos 1940, 1950 e 1960 foi um grande "divulgador" do cigarro. Os protagonistas dos filmes surgiam, sempre muito charmosos e elegantes, com seus gestuais típicos de fumantes, tragando e liberando aquela fumaça que, aos olhos do público, remetia a um clima de mistério e sedução. Que o diga Humphrey Bogart em *Casablanca*, para citarmos apenas uma das imagens mais icônicas da sétima arte. Nas novelas televisivas, idem: galãs estavam sempre com seus cigarros acesos. Nesse contexto, era fácil se sentir tentado a adquirir o mau hábito, que, por sinal, nos parecia até então, inofensivo.

Hoje, o cigarro é um dos vilões contemporâneos mais visados pelas propagandas antidrogas, justamente pelo conhecimento científico que nos alertou, a todos, sobre a imensa quantidade de males que acarreta à saúde. Ainda assim, há muitos fumantes incapazes de se verem livres desse mal que, ao que parece, pode complicar ainda mais a vida dos que são acometidos pela Covid-19, caracterizada, em muitos casos, por síndrome respiratória grave. Impossível não pensar no fato de que, se esse vírus tivesse surgido há algumas décadas, eu, mesmo bem mais jovem, estaria amedrontado, temendo contrair a doença e ter de lidar com ela com meus pulmões de fumante.

Desafio

Eu já tinha ultrapassado meio século de vida quando um pequeno livro disponível em nossa livraria, a Cortez – e que tratava sobre a psicologia do fumo, ou algo parecido –, despertou minha atenção. Afinal, há tempos eu carregava esse conflito de "fumar ou não fumar". Li a obra, fui para casa e anunciei que deixaria o cigarro para trás. A notícia foi recebida com certo ceticismo. Em contrapartida, eu acreditava que, após a leitura do tal livro, estava preparado para o desafio. Ledo engano. Levei algum tempo fumando escondido, mas minha esposa, filhas e os colaboradores da empresa sempre encontravam as bitucas de cigarros em lugares que eu achava serem secretos. E quando as encontravam, lá vinha a gozação.

Nessas horas, pensava, com meus botões: "Como é possível uma pessoa com minha idade, cheia de vida, de projetos e responsabilidades se submeter a uma aflição como essa? Deixar me dominar por algo que só me prejudica? Que vai me fazer viver menos?" Fui fumante por quatro décadas e aqui resumo como abandonei esse malfadado vício adquirido aos treze anos.

Uma das muitas lembranças marcantes de minha vida de fumante foi ter, ainda na juventude, influenciado Potira, a namorada que viria a ser minha esposa, a se iniciar nesse péssimo hábito. Ela, que infelizmente já nos deixou, conseguiu abandonar o cigarro apenas dois anos depois de mim. Quanto às minhas filhas, sempre desaprovavam o tabagismo dos pais, principalmente Marcia, que, desde criança, foi sempre muito ligada às questões relacionadas à saúde, à fauna e à flora em geral.

Nesse período em que tentava largar o cigarro, fiz uma aposta muito original com Marcia: era época de eleição em São Paulo, mais precisamente 1992, quando todos lá em casa tinham simpatia pelo mesmo candidato: Eduardo Matarazzo Suplicy, que disputava o pleito, em segundo turno, contra Paulo Salim Maluf. Então, a aposta ficou assim: se Suplicy perdesse, eu pararia de fumar. Para além de sua atuação política admirável, Suplicy é autor da Cortez Editora. Dele publicamos *Renda de cidadania: a saída é pela porta* (2002), hoje já na 7ª edição. Acreditávamos que se Suplicy saísse vencedor, daria a atenção merecida às questões educacionais, como fez a prefeita anterior, Luiza Erundina de Sousa, que teve como secretários de Educação Paulo Freire, que pediu exoneração dois anos depois, sendo substituído por Mario Sergio Cortella, ambos também nossos autores.

Tínhamos convicção de que Suplicy teria enorme cuidado com a pasta da Educação e, consequentemente, mais livros chegariam às escolas, bibliotecas, o que seria ótimo. Porém, caso perdesse, a coisa ficaria péssima tanto para nós, editores, quanto para a cidade de São Paulo, como um todo. Então, me ocorreu esse pensamento: "Se vamos ter o infortúnio de não ver os livros chegarem a todos, especialmente aos mais vulneráveis, e observar a educação não ser priorizada, que medida eu poderia

Sobre o tabagismo 39

tomar para compensar essas perdas?" Procurei respostas, e a mais plausível e motivadora foi deixar de fumar. No meu entender, aquela era uma maneira de ganhar alguma coisa com o possível resultado malfadado daquela eleição. Minha saúde, pelo menos, sairia vencedora.

Dito e feito: nosso candidato perdeu e, tão logo saiu o resultado oficial, joguei o maço de cigarros no lixo. E, dessa vez, foi como mágica: não tive nenhum sofrimento ou pensamento negativo, nada que me abatesse ou pusesse em risco minha decisão. Honestamente, foi uma das boas ideias da minha vida.

Há anos, para compensar a "perda do prazeroso" hábito de fumar, venho me dedicando a outra prática, muito mais agradável e vantajosa para o corpo, para a alma e para a mente: a dança. Nesse aspecto, só tive ganhos. Inclusive consigo desfrutar, como nordestino, da música popular da região que marcou meu tempo de criança e adolescência. Como não me distanciei das minhas origens, antes da pandemia com frequência participava dos forrós pé de serra, tocados por bons artistas, que mantêm a tradição do uso de instrumentos que muito aprecio: sanfona, triângulo e zabumba.

É nesse ambiente descontraído, frequentado por pessoas que as considero do bem e da paz, que buscam divertimento e descontração, que eu e Inês Cristina, minha companheira assídua de dança, deixamos no salão nossas "pegadas" de bons e divertidos dançarinos de forró.

O fato de eu deixar de fumar de forma repentina, tendo como pretexto uma aposta cuja consequência dependia do resultado de uma eleição, foi a maneira que encontrei de fazer uma mudança radical em minha vida. Como o desfecho da eleição não me favoreceu nem como cidadão nem como empresário, decidi fazer "algo" capaz de, ao menos da esfera individual, me trazer um resultado positivo. Nesse contexto, afirmo que uma questão política, ideológica, me foi tão válida quanto a preocupação e o amor que tinha pela vida, pelos meus familiares, pelo meu trabalho. Foi um incentivo, um avanço providencial. Recomendo: quando algo não sair como o desejado, eleja fazer algo bom, talvez iniciar um curso, trabalho ou desafio há muito adiado. Essa pandemia pode ser, nesse sentido, uma enorme motivação e oportunidade.

Sobre o tabagismo

Solidariedade: Edifício Marina V

*E*ntre os vários autores que editei, está o filósofo espanhol José Ortega y Gasset, cuja frase mais conhecida é "Eu sou eu e minha circunstância", presente no livro *Meditações de Quixote*. Em outras palavras, o que ele diz é que só é possível entender o homem "em sua situação". Ou seja, as pessoas não se separam de suas circunstâncias, e é sempre dentro delas que tudo ganha sentido.

Sou viúvo há dez anos e, pela primeira vez, moro sozinho em um apartamento cujo edifício possui 176 residências. São casas empilhadas, como diria Oscar Niemeyer, mas com janelas amplas que nos permitem enxergar parte da cidade que habitualmente não para, ou melhor, não parava. E se é para pensar no homem em sua situação, escrevo num momento em que a cidade, assustadoramente, parou.

Estamos aprisionados e, guardadas as devidas proporções, experimentando um pouco a vida dos pássaros em suas gaiolas. Aqueles que têm ali seu sustento e abrigo, mas que dali não podem sair. Temos vivenciado a redução de mobilidade e a restrição da liberdade, porque todos estão sob a ameaça da pandemia causada pelo novo coronavírus, que, por sua vez, ocasiona a Covid-19.

Mas não é que em meio a essa situação tenebrosa, num cenário que às vezes se aproxima do caos, a solidariedade encontrou um espaço para aparecer com sua luminosidade em um simples aviso afixado no elevador? Encontrou um modo de brotar, assim como de vez em quando uma flor brota na rachadura do asfalto, como bem ressaltou Drummond em seu esplêndido poema "A flor e a náusea": *Uma flor nasceu na rua!(...) /Passem de longe, bondes, ônibus, rio de aço do tráfego./ Uma flor ainda desbotada/ilude a polícia, rompe o asfalto"*[6].

Quando já completava dez dias sem sair de casa, necessitei ir até à portaria e, no elevador, deparei com uma notável "declaração de disponibilidade".

---

6 - Carlos Drummond de Andrade. *Reunião*: 10 livros de poesia. Introdução Antônio Houaiss. 8ª ed. Rio de Janeiro: José Olympio, 1977. p. 78.

Alguns moradores se prontificaram a resolver questões de farmácia, supermercado, padaria etc., para evitar que idosos como eu tivessem que deixar suas moradas para lidar com as demandas do cotidiano. Com essas tarefas simples, corriqueiras, essa gente mais vivida corre grande risco de contágio, já que constituem aquilo que se convencionou chamar de "grupo de risco" aos efeitos do vírus que se propaga.

Estamos acostumados com ações solidárias que, de vez em quando, se mostram à nossa frente. Presenciamos, aqui e acolá, um auxílio a deficientes, um socorro diante de um mal-estar, uma ajuda com uma sacola mais pesada e assim por diante.

Mas nessa situação em que estamos, aquele aviso generoso deixado no elevador continha algo especial, pelo menos para mim, que nunca tinha morado em edifícios. Trazia nas suas entrelinhas uma mensagem de esperança, de boa-fé. Deixava entrever que, mesmo nos momentos de maior aflição, podemos encontrar a porta de saída para um mundo melhor, mais humano e fraterno.

Uma pandemia deixa um rastro de destruição assustador, em especial entre aqueles que mais

Solidariedade: Edifício Marina V

padecem os efeitos das desigualdades e das injustiças sociais que persistem em nosso país. Mas nessa situação em que aparentemente nada de positivo poderíamos encontrar, algo de esperançoso rompeu o isolamento das paredes.

Não somente as janelas de nossas casas e apartamentos estão sendo usadas para nos oferecer um panorama da cidade que não para, mas também as janelas da alma estão sendo buscadas para expressar mais solidariedade, humanidade. Solidariedade não somente como demonstração de atenção ao próximo e valorização da vida, mas como indício de que, após essa experiência tão sombria, possamos encontrar um novo modo de viver.

Talvez nesse momento de grande fragilidade, tenhamos nos conectado com aquilo que pode ser, daqui para frente, nossa maior força: a preocupação, o carinho e o cuidado com o outro.

Envelhecer com qualidade de vida

O título deste texto poderia ser um *slogan*, frase, expressão a ser divulgada nos mais diversos meios de comunicação do País, pois seu efeito, na prática, poderia contribuir para uma maturidade mais saudável, propiciando uma vida melhor a milhões de brasileiros. Estou convicto de que, se a maioria dos indivíduos compreendesse a importância de cuidar de si, física e mentalmente, desde a juventude, conquistaria um envelhecimento digno, pautado no bem-estar. Vamos pensar juntos: a Pesquisa Nacional por Amostra de Domicílios (PNAD) de 2017 aponta que 14,6% da população brasileira tem sessenta anos ou mais de idade, correspondendo a 30,3 milhões de pessoas[7]. Em outras palavras: dificilmente você não tem ninguém de seu círculo

---

7 - Disponível em: http://mds.gov.br/assuntos/brasil-amigo-da-pessoa-idosa/estrategia-1. Acesso em: 1 ago. 2020.

familiar ou de amizade dentro dessa estatística (isso se você mesmo já não fizer parte desse número).

Com 83 anos, venho aproveitando meu tempo de isolamento forçado em virtude da pandemia provocada pela Covid-19, para seguir buscando atitudes saudáveis. Manter a mente ativa é uma delas. Nesse contexto, decidi escrever estes relatos de experiências que você lê agora. Uma atividade que exige o exercício contínuo da memória. Enquanto registro estes textos, aproveito para refletir sobre situações do passado, avaliando o que aprendi ou o que deveria ter aprendido. Da mesma forma, penso a respeito do que vivi hoje cedo ou do que ocorreu ontem à noite. Um passado recente, quase ao alcance dos dedos.

Quanto mais avançamos na idade, mais temos de nos agarrar ao momento, vivendo-o intensamente. Penso, no entanto, que nenhum dos três tempos que moldam a vida deve ser menosprezado: passado, presente e futuro são, a meu ver, interdependentes, e coexistem melhor quando temos consciência disso. É a velha história: o que fizemos lá atrás edifica a estrutura do que vivemos hoje e projeta o futuro que virá nos próximos minutos, dias, meses, anos.

50   *Tempos de Isolamento*

Ações, causas, consequências. Essas coisas que a gente já sabe, mas volta e meia teima em ignorar.

Assim, como mencionei algumas vezes, escrever é o que venho fazendo para manter a cabeça ativa, contribuindo para minha qualidade de vida. Aliás, antes mesmo do isolamento instituído pelos perigos do coronavírus, já havia restringido de forma considerável minha agenda de compromissos. Priorizei assessorar minhas filhas na Editora, me colocando sempre à disposição, com o objetivo de contribuir, com minha experiência, para superarmos desafios empresariais advindos da complicada instabilidade econômica, política e social que o Brasil vem atravessando e que atingiu em cheio o mercado editorial – desafios agora acrescidos dessa imprevisível e cruel catástrofe que fez boa parte do mundo parar.

Cada vez mais percebo que meu desejo de consolidar uma rotina benéfica às minhas necessidades se deve, em grande parte, ao meu ingresso no curso da Universidade Aberta à Maturidade (UAM), oferecido pela PUC-SP e existente há 28 anos. É pena que, vivendo e trabalhando literalmente ao lado dessa universidade, só tenha dado a devida atenção ao curso cinco anos atrás.

Envelhecer com qualidade de vida

Sinceramente, voltar à sala de aula, para mim, significou um avanço. Retornar aos poucos àquele ambiente de ensino e aprendizagem dos cursos regulares do Ensino Médio ou da graduação, os quais vivi muitas décadas atrás, tem, agora, outro sabor. Nós, alunos da Universidade Aberta à Maturidade (UAM), nos vemos, para começar, livres da obrigatoriedade de provas e pesquisas densas. Experimentamos o aprendizado em seu estado mais puro: aprendendo pela curiosidade de saber mais, pelo desejo de nos aprimorar e nos conhecermos melhor, independentemente da idade.

Essas Universidades de Terceira Idade (UnTI) tiveram início na Europa, mais precisamente na França, em 1973, em Toulouse. Em pouco tempo, iniciativas semelhantes se espalharam pelo mundo. Na América Latina, a precursora foi a Universidade Aberta do Uruguai, de Montevidéu, em 1983. No mesmo ano, o Brasil também teria sua primeira UnTI, implementada na Universidade Federal de Santa Catarina (UFSC). Em 1984, foi a vez da Universidade Federal de Santa Maria (UFSM) criar o Núcleo Integrado de Estudos e Apoio à Terceira Idade (NIEATI).

Juntas, essas experiências são consideradas como as pioneiras do país. Desde então, das 63 universidades públicas do Brasil, 36 oferecem tais cursos às comunidades. No entanto, dentre as universidades particulares, a oferta de UnTIs é muito maior: em 2012, falava-se em mais de duzentos programas dessa natureza em instituições de Ensino Superior, a maioria como projeto de extensão. Embora se digam voltadas à terceira idade, a faixa etária de ingresso dos alunos varia de acordo com a instituição. Em algumas, a partir dos 45 anos, em outras, a partir dos sessenta[8].

Após os sessenta, setenta, oitenta anos, chegamos a uma fase áurea de entendimento da vida. O coroamento de experiências e conquistas e a possibilidade de nos dedicarmos, finalmente, à aquisição de saberes por prazer e não por obrigação. É um alívio, um deleite. Aos 83 anos, me dou conta de que eu e meus colegas, com alguns anos a mais ou a menos, vivenciamos nas décadas finais do século passado o aumento gradativo da competitividade profissional,

---

8 - Flora Moritz Silva *et al.*, *Onde estão as UnTI das universidades públicas federais do Brasil*. Disponível em: https://repositorio.ufsc.br/bitstream/handle/123456789/181218/101_00171.pdf?sequence=1. Acesso em: 1 ago. 2020.

fruto de um mercado em constante mudança, em especial, as tecnológicas, exigindo profissionais capacitados, técnicos, versáteis. Hoje, todas essas exigências foram ainda mais intensificadas pela pandemia, que vem exigindo dos profissionais a adequação ao trabalho remoto, o chamado *home office*, que se sustenta, basicamente, pelo uso da tecnologia.

Mas voltando ao cenário das décadas passadas – quando os que hoje são idosos tinham entre quarenta, cinquenta, sessenta anos –, tentamos nos adaptar da maneira que era possível. Em meio a isso, atravessamos os anos lidando com nossos casamentos, separações, perdas definitivas de companheiros de vida. E ainda filhos, netos, noras e genros nos trazendo tanto alegrias quanto desgostos, como é natural a essa gangorra chamada vida. A convivência em família, pautada por crenças, costumes, origens, ideologias e saberes, demanda jogo de cintura, paciência, superação de desafios. Enfim, temos ou tínhamos de enfrentar inúmeras questões nem sempre prazerosas.

Assim, a sala de aula da Universidade Aberta à Maturidade pode ser vista como uma espécie de portal. Chave que nos dá acesso a outro plano, desprovido de problemas, cobranças, decepções. Nesse ambiente salutar, vinha convivendo com meus colegas de classe duas vezes por semana, às segundas e quartas, das 14 às 17h, quando, de uma hora para outra, depois de três longínquos meses de férias, surge essa reviravolta denominada Covid-19, que, para nossa surpresa, exigiu esse distanciamento avassalador, justamente quando íamos dar início à nossa segunda semana de atividades, dia 11 de março.

Tivemos as primeiras aulas nos dias quatro e sete com quase todos os colegas reunidos. Foi um encontro marcado por sorrisos e abraços, frutos da alegria explícita no semblante de cada um, como se disséssemos: "Que bom saber que você está bem e que, juntos, poderemos curtir nossas aulas por mais um semestre".

É notório que esse ambiente faz um bem enorme não só para mim, mas para a totalidade dos meus colegas de turma. Não raro, presenciamos os alunos se queixando do período de três meses de recesso de final de ano, que, a nosso ver, é demasiado extenso. Está aí uma demonstração clara de que o curso preenche um tempo precioso do cotidiano de muitos de nós.

Os temas tratados, escolhidos pelos representantes de classe dentro de uma oferta variada de

Envelhecer com qualidade de vida

áreas de conhecimento, são ministrados por professores competentes, agradando à maioria dos estudantes. Entretanto, para qualquer sugestão, podemos recorrer ao coordenador técnico, Prof. Dr. Antônio Jordão Netto, que, por consideração, me enviou o projeto do curso. No final de 2019, sugeri à coordenadora acadêmica, Profa. Dra. Marília Josefina Marino, um tema que me parece muito atual: Direitos Humanos.

Estou certo de que muitos de vocês concordam comigo: cursos como esses só trazem vantagens aos alunos. Mas, a despeito dessas qualidades e benefícios, me chama atenção a baixíssima frequência de estudantes do sexo masculino. Na minha sala, pelo menos, os números são destoantes: 36 mulheres e dois homens (eu e meu colega Domingos Fittipaldi somos os únicos homens da turma). E, pela minha observação, nas outras classes não é diferente. Fico pensando: a que se deve essa falta de interesse do sexo masculino em frequentar as aulas, voltar a estudar, se informar, arejar a cabeça, criar novos vínculos de amizade?

Ficam aqui essas questões e também minha sugestão para que o maior número possível de pessoas possa se inteirar sobre a existência de tais cursos nas universidades – muitas delas públicas e, portanto, gratuitas – de suas regiões, cidades, bairros. Aproveito para chamar atenção dos gestores e autoridades competentes nas esferas federal, estaduais e municipais, no sentido de que se esforcem para oferecer essa possibilidade às suas comunidades, caso esses cursos não existam em suas regiões. E se existem, o ideal seria ampliar a divulgação desses espaços. Sem dúvida, seria um presente para as mentes e corações de homens e mulheres que, com seu trabalho, já contribuíram para o país e, agora, merecem "Envelhecer com Qualidade de Vida".

O resultado positivo virá pelo modo como essa parcela importante da população, com idade acima de sessenta anos, se sentirá incluída, respeitada, contemplada em seu desejo de seguir aprendendo, compartilhando saberes e usufruindo da companhia dos colegas e professores – benefícios que irão repercutir em sua saúde, vivências sociais e familiares. Não deixa de ser um jeito diferente, moderno e eficaz de reconhecimento pelo muito que esses cidadãos já fizeram pelo desenvolvimento do Brasil.

Envelhecer com qualidade de vida

Ter seis horas por semana de atividade cultural, educacional e recreativa fará a diferença na vida de inúmeros idosos. Até porque um dos objetivos desses cursos é munir os alunos com informações e ferramentas capazes de os auxiliar na obtenção de uma vida longeva e saudável. Para isso, os alunos recebem orientações a respeito de temas como alimentação, atividade física e mental, família, convívio social e mobilidade. Na minha turma, por exemplo, tivemos aulas com uma geriatra que nos deu sugestões preciosas de como podemos nos proteger e até evitar eventuais quedas. Também tivemos aulas práticas de dança, yoga e informática, além do acesso a ótimos documentários.

Nossa visão de mundo se amplia por meio de abordagens, debates e discussões com ênfase no indivíduo, em nossas vidas e realidades. Para se ter uma ideia, analisamos o Estatuto do Idoso, texto que nos oferece meios para compreendermos nossos direitos. Já as aulas de História, por sua vez, se encarregam de expandir nossas percepções, estabelecendo pontes entre o particular e o universal. Enfim, temos à disposição uma infinidade de assuntos tão variados e atrativos quanto úteis.

Tempos de Isolamento

Sabemos que existem muitas instituições superiores de ensino públicas ou privadas, bem como outros estabelecimentos de ensino sediados em grandes e médias cidades com espaços, muitas vezes, subutilizados. Certamente, cursos como o que tenho a oportunidade de fazer, se ministrados a um custo baixo ou, melhor ainda, gratuitos, seriam uma ótima opção para que muitos idosos saíssem do ócio, da inatividade, da experiência muitas vezes tediosa de ficar em casa ou na rua o dia inteiro.

No Brasil, temos excelentes professores e demais profissionais competentes com larga experiência em suas áreas de atuação, capazes de ministrar esses cursos. É o caso de médicos, enfermeiros, assistentes sociais, advogados, nutricionistas, dentre outros. Nas aulas de Arte, por exemplo, temos um professor que, além de cantor, é versado em cultura popular. É grande conhecedor de músicas do século passado, sendo bastante aplaudido nas aulas, especialmente quando canta para nossa turma canções de nossos tempos de juventude. Não seria maravilhoso contar com a adesão de parte deles nessa empreitada de multiplicar o número dessas universidades em todo o Brasil?

Envelhecer com qualidade de vida

Iniciativas como essa poderão resultar, para ficar só no essencial, em mais saúde e educação, dois eixos que deveriam ser vistos como prioridade pelos gestores responsáveis pelas políticas públicas. Fica aqui nossa sugestão para que diálogos entre universidades, Estados e municípios se multipliquem, no sentido de estabelecerem as parcerias necessárias à implementação de um número muito maior desses cursos em instituições públicas e privadas, além de associações diversas. Os idosos que trabalharam, criaram filhos, cuidaram de seus lares e, assim, dedicaram a vida ao crescimento do País merecem desfrutar desses espaços de saber e convivência. Os benefícios, posso atestar, serão incontáveis.

O que é oportunismo e oportunidade para nós?

Palavras também são construções sociais. Elas têm um significado verificável nos dicionários, é verdade, mas todos sabemos que seu sentido pode mudar dependendo do jeito como são usadas por nós. Dizer a frase "Nem pensar!" com uma expressão facial zangada e o dedo em riste é uma coisa. Mas se a gente usa essa mesma frase sorrindo enquanto balança a cabeça e pisca para o nosso interlocutor com todo o charme do mundo, fica claro que a gente vai, sim, pensar no caso – e com carinho.

No dicionário, a palavra oportunismo diz respeito a um comportamento negativo e, muitas vezes, usurpador. Mas também há menção aos momentos em que oportunismo pode indicar a perspicácia de um bom observador que percebe que tem algo a fazer num momento exato, numa circunstância precisa. Nesse sentido, o oportunismo se refere àquilo que nos move, ou seja, ao que nos faz lutar para não perdermos oportunidades e, assim, chegarmos aos resultados previstos em nossas metas e objetivos traçados.

A pessoa que age com esse oportunismo, ou seja, com essa perspicaz presença de espírito e observação atenta para agir conforme a demanda da hora, é a pessoa sempre comprometida e disponível. Já o "oportunista" é aquele que se aproveita, em benefício próprio, de uma situação. E é o tipo de pessoa que a gente não quer por perto, certo?

Nesse caso, estamos nos referindo àqueles oportunistas que subestimam seus semelhantes, para os quais "os fins justificam os meios", segundo a frase atribuída a Nicolau Maquiavel. Fico me perguntando: será que o filósofo italiano um dia imaginou que, séculos após sua existência, essa frase se tornaria um mandamento para milhões de pessoas em todo o mundo? Em especial, para uma parcela significativa dos que compõem a classe política!

Tempos de Isolamento

Em um dos muitos intervalos vividos nesses dias, assistindo a um programa jornalístico na TV, uma notícia chamou minha atenção. Considerando a "oportunidade" que a pandemia está oferecendo, determinadas indústrias/comércios aumentaram de forma abusiva os preços de alguns produtos como máscaras de proteção, álcool em gel e botijão de gás de cozinha, chegando aos importados, como os ventiladores mecânico, cujos fortes indícios de corrupção estão sendo investigados. Fiquei perplexo! Onde vamos parar, afinal?!

Seria isso uma demonstração do quanto está vivo entre nós o velho jargão "levar vantagem em tudo"? Então, em meio à pandemia que vem acarretando a morte de milhões de pessoas no mundo, ainda temos que suportar "o senso de oportunidade" dos oportunistas? Na minha modesta opinião, só resta apelar para outra frase, dessa vez extraída da sabedoria popular contemporânea: "Ninguém merece".

Da mesma maneira que nos trazem indignação, esses tempos difíceis também nos convidam a ler e estudar mais sobre alguns fatos que, em outra circunstância, talvez passassem despercebidos. É o caso da temática de doenças graves que existiram e existem na história da humanidade, algumas pelas

O que é oportunismo e oportunidade para nós?

quais passamos em épocas remotas, mas que deixaram triste saldo de mortos em nosso país.

Após a Proclamação da República, por exemplo, em 1889, o Brasil atravessou sequências de surtos e epidemias destrutivos. A peste bubônica, por exemplo, atingiu em cheio a população, e medidas sanitárias urgentes tiveram de ser empregadas na tentativa de exterminar ou, ao menos, minimizar a propagação dessa enfermidade.

Uma dessas medidas ocorreu por iniciativa do renomado médico Oswaldo Cruz, que, em 1903, ocupando o posto de Diretor-Geral de Saúde Pública, equivalente hoje ao de Ministro da Saúde, estimulou o combate à proliferação de doenças originadas por ratos, entre elas, a peste bubônica (embora os ratos fossem a origem do problema, eram as pulgas que, em contato com eles, posteriormente picavam as pessoas e transmitiam a doença a elas).

A iniciativa de Cruz era simples. Vejam que interessante: por meio de um decreto publicado em setembro de 1903, viabilizou-se a criação de uma função denominada "ratoeiros", termo como eram chamados os profissionais que, a serviço do Estado, compunham brigadas para caçar ratos.

Cabia a esses profissionais comprar os ratos capturados pela população e, depois, revendê-los ao governo, que os incinerava. Assim, de 1903 a 1907, a medida retirou das ruas 1,6 milhão desses roedores. A entrega de 150 ratos por mês garantia ao "caçador" sessenta mil-réis, valor que, à época, possibilitava a compra de uma cesta básica. Mas esse salário baixo acabava estimulando a captura de um número ainda maior de animais, pois cada rato a mais rendia o pagamento de trezentos-réis (valor equivalente, à época, a três cafezinhos)[9].

Tratava-se de uma situação de emergência que exigia os mais inusitados esforços para que pudesse ser superada, de modo a diminuir rapidamente os índices de mortalidade que se multiplicavam dia após dia.

Mas, por incrível que pareça, não é que naquele cenário, em meio a tanta turbulência, em um contexto de total insalubridade social, despontaram "oportunistas"?

---

9 - Dilene R. do Nascimento e Matheus A. D. da Silva, "Caça ao rato" (www.revistadehistoria.com.br), com adaptações realizadas no texto publicado em: http://www.cespe.unb.br/concursos/FUNASA_13/arquivos/FUNASA13_CBNS2_01.pdf, de onde extraímos essas informações. Acesso em: 1 ago. 2020.

O que é oportunismo e oportunidade para nós?

No Rio de Janeiro, descobriu-se que alguns cidadãos estavam criando roedores em currais e até os "importavam" de cidades vizinhas, como Niterói, para obter retorno financeiro. Mais: entre os ratos incinerados no Desinfectório Central, foram encontrados alguns feitos de papelão e de cera[10].

Essa recordação histórica nos lembra que o mundo tem fartura de mau-caratismo, vilania e desonestidade, mas sigo acreditando que a maioria das pessoas é de boa índole. Por esse motivo, entendo que precisamos nos unir, recuperar bons exemplos e lembrar que as grandes crises nos oferecem oportunidades para consolidarmos o que temos de melhor, ainda que saibamos da existência da ganância e da ausência de preocupação e cuidado com o próximo, principalmente do poder público.

Esses exemplos de "extorsão" social, de recriação de "usuras" e de "malandragens" oportunistas infelizmente também podem, conforme já mencionamos, ser percebidos no conturbado cenário que experimentamos agora. Vejam que diariamente tomamos conhecimento dessas ocorrências

---

10 - Ibidem.

com preços abusivos e qualidades duvidosas de equipamentos necessários para salvar vidas nessa pandemia. Da mesma forma, nos últimos anos, os sucessivos escândalos de corrupção divulgados pela mídia, principalmente envolvendo alguns maus políticos em conluio com alguns maus empresários. Impossível esquecer reportagens trazendo políticos recebendo malas de dinheiro em restaurantes, assessores escondendo dólares na cueca, desvios vergonhosos de verbas destinadas para merenda, educação e saúde nos mostrando o quanto alguns seres humanos estão cada vez mais próximos dos ratos.

Mas nem tudo está perdido e, para evidenciar essa afirmação, lembramos que o exemplo contido na produção e comercialização de livros tem um efeito consolador, de respeito ao leitor. O livro por vezes é até depreciado, mas nunca perde seu valor intrínseco. Desconheço notícias de aumento de preços de livros para aproveitar infortúnios sociais, mesmo em momentos de grande procura, tampouco em situações de crise. Escrevo isso com base em minha experiência de cinquenta anos no segmento livreiro e editorial, quarenta deles vividos na Cortez Editora.

O que é oportunismo e oportunidade para nós?

Alterações nos preços dos catálogos são evitadas ou postergadas para aquele momento em que não é mais possível deixar de fazer o reajuste. Isso porque o editor, o livreiro e o autor têm o mesmo sonho, que é o livro com baixo custo, acessível ao maior número possível de leitores.

Se crise é também sinônimo de oportunidade, temos na história da comercialização do livro um exemplo de grandeza a ser seguido, rememorado e elogiado. A procura pode exceder em muito a oferta, mas o preço dos exemplares nunca é elevado com oportunismo. Nesse sentido, sua comercialização pode ser vista como uma espécie de reserva moral de um país, e crise nenhuma modifica isso.

75 anos da Segunda Guerra Mundial

Neste dia 8 de maio de 2020, assisto a noticiários televisivos repletos de reportagens referentes aos 75 anos do término da Segunda Guerra Mundial (1939-1945). Ver tantas imagens sobre o conflito histórico responsável pela morte de pelo menos setenta milhões de pessoas, a maioria civis, me fez refletir sobre o fato de estarmos enfrentando, durante esta pandemia da Covid-19, uma outra espécie muito específica de guerra. A metáfora vem sendo utilizada com frequência por profissionais de saúde que estão na linha de frente de hospitais e demais equipamentos públicos de saúde.

Nessa batalha estão, de um lado, todas as nações do planeta e, do outro, o inimigo invisível a olhos nus, mas que sabemos ser um vírus. No momento em que escrevo este texto, a doença já matou centenas de milhares de pessoas em todo o mundo – sem contar as mortes não notificadas por falta de testes em cidades, Estados e países nos quais o sistema de saúde entrou em colapso. Tipos de lutas à parte, acredito que ninguém deseja perder a vida, seja em pelejas bélicas, seja na cama de um hospital, vitimado pelo coronavírus. Da minha parte, o fato de ter 83 anos não me permite mais ser convocado para contendas beligerantes de nenhuma ordem. Por outro lado, trata-se de uma idade, digamos, bastante "adequada" para que seu possuidor seja "convocado" pelo coronavírus. Isso porque sabemos que a ação do tempo torna os organismos mais fragilizados e, portanto, suscetíveis a uma série de complicações de saúde.

Eu mesmo estou enfrentando, vejam só, um câncer com o qual venho convivendo, com idas e vindas há quase 23 anos. E por mais que eu cuide da saúde, não o queira, o despreze, e faça tudo para que ele vá embora, o danado insiste em, de tempos em tempos, retornar sem a minha permissão. É um caso clássico de relacionamento abusivo, mas sigo tentando escapar, obedecendo disciplinarmente aos conselhos das autoridades de saúde e sendo acompanhado – com rigor – por minhas três filhas.

É claro que o tratamento me deixa mais frágil, porém, não me desespero e, assim, tenho respeitado ao máximo as regras de isolamento social. Há mais de cinco meses só saio de casa para consultas médicas e sessões de quimioterapia.

Mas voltando à guerra, é interessante observar determinados governos "reverenciando" os mortos em lugares como, por exemplo, o Túmulo do Soldado Desconhecido – como são nomeados os monumentos erguidos para prestar reverência aos soldados que, mortos em combate, não tiveram seus corpos identificados. Um dos mais famosos está sob o Arco do Triunfo, na cidade de Paris.

Observei que a maioria desses governantes não tinha sequer nascido – brava exceção à Rainha Elizabeth II, da Inglaterra, que segue esbanjando saúde aos 94 anos. Coube à Rainha, aliás, fazer um discurso às 21 horas do dia 8 de maio, mesma hora em que seu pai, George VI, se dirigiu ao país para anunciar a rendição da Alemanha, 75 anos atrás. Em sua fala, mesmo sem pronunciar os

75 anos da Segunda Guerra Mundial 75

termos "Covid-19","coronavírus" ou "confinamento", a Rainha soube deixar tais temas nas entrelinhas de seu recado: "Nunca desistir, nunca desesperar. Essa foi a mensagem do dia da vitória", afirmou.

Outro britânico que mereceu destaque no noticiário dos últimos tempos foi justamente um veterano do grande confronto mundial ocorrido entre 1939 e 1945: o capitão **Tom Moore**. Em abril de 2020, aos 99 anos, contribuiu para arrecadar 37 milhões de dólares para o Serviço Nacional de Saúde (NHS), dando cem voltas em seu próprio quintal, com a ajuda de um andador. Lembramos que na semana deste 8 de maio, o Reino Unido tornou-se o país europeu com mais mortes pela **Covid-19**, ultrapassando 31 mil vítimas fatais[11].

Mas, voltando aos 75 anos da maior batalha do século XX, o que me chama a atenção é ver, durante essas homenagens, esses mandatários todos, independentemente da idade, aparentando estar muito

---

11 - Disponível em: https://veja.abril.com.br/mundo/covid-19-refreia-celebracao-dos-75-anos-do-fim-da-segunda-guerra-mundial/. Acesso em: 1 ago. 2020. Na data de entrega dos originais deste livro à Editora, dia 13-08-2020, mais de 46 mil pessoas haviam morrido em decorrência da covid-19 no Reino Unido. A informação está disponível aqui: https://www.bbc.com/portuguese/internacional-53751072. Acesso em: 1 ago. 2020.

penalizados e tristes, depositando belíssimas coroas de flores aos soldados mortos, quando sabemos que as guerras nunca cessam de acontecer pelo mundo – muitas delas iniciadas devido às políticas exercidas por parte desses senhores(as) presentes no noticiário do dia 8 de maio, bem como seus antecessores.

Prova disso é a situação desesperadora dos milhões de refugiados, sejam de países que passam por graves problemas econômicos, sejam de nações que vivenciam conflitos de naturezas política, religiosa, dentre outros. Os dramas dessas pessoas vêm sendo expostos há anos pela imprensa de todo o mundo. Seres humanos como nós, pais e mães de família, trabalhadores, pequenos empreendedores e profissionais liberais, todos obrigados a deixar seus lugares de origem. Por vezes, apenas com a roupa do corpo, tentam cruzar fronteiras arriscando suas vidas, suscetíveis a situações extremas. Na busca por um "porto seguro", tentam acessar países que deveriam se unir e buscar melhores formas de acolhê-los –, mas, diferentemente disso, essas pessoas em situação caótica são muitas vezes rechaçadas, discriminadas, hostilizadas e até separadas de suas crianças. Um verdadeiro horror.

Assim, me parece hipocrisia ver governantes demonstrarem tristeza nos muitos monumentos aos soldados desconhecidos, quando surgem com olhares pesarosos e discursos pacifistas. A bem da verdade, sabemos que alguns desses chefes de Estado seguirão avaliando meios para continuar pesquisando, investindo, produzindo e comprando armamentos, assinando acordos políticos duvidosos, apoiando governos claramente autoritários em troca de poderio econômico e do direito à exploração de territórios abarrotados de petróleo, que ocupam espaços geográficos estratégicos etc.

Que busca de paz é essa, se estão sempre flertando com contendas? O mundo está tão desprovido de esperança que, volta e meia, surgem *fake news* dando conta de que o vírus "x" ou "y" foi produzido em laboratório, por este ou aquele país. Prefiro me recusar a acreditar que o homem chegaria a esse ponto, mas, se essas notícias absurdas circulam, é porque, para muita gente, a humanidade está condenada ao fracasso.

Por tudo isso, me entristece ver esse noticiário sobre os 75 anos de um enfrentamento de proporções gigantescas levado a cabo por representantes de continentes que, entra século, sai século, seguem exalando à pólvora. Um odor que, diga-se de passagem, continuou marcando presença nas sete décadas pós-Segunda Guerra Mundial – um tempo que, como vemos nos registros históricos, seguiu dando espaço a um sem-número de disputas sangrentas.

A tristeza e a revolta às vezes batem forte, mas cabe a nós prosseguir lendo, nos informando, aprendendo, construindo a capacidade de debater, discutir, duvidar, desconfiar, cobrar novas posturas de velhos mandatários, escrever, contribuir para a reflexão. Nossa arma tem de ser o pensamento crítico. E que esse momento de recolhimento contribua para isso de maneira ímpar. Precisamos sair dessa muito melhores. Será isso ou teremos de enfrentar o fato de que, em breve, não haverá mais a tão esperada luz no fim do túnel.

"Alguma coisa acontece no meu coração"

Durante esse distanciamento social provocado pela pandemia da Covid-19, impossível não olhar pela janela do meu apartamento, no bairro de Perdizes, Zona Oeste da capital paulista, sem relacionar o quanto minha história pessoal está entranhada a esse grande centro urbano. São muitos anos de trabalho nessa que é a maior metrópole da América Latina. Décadas de dedicação à causa do livro e da leitura. Devo muito a essa terra onde me casei, onde nasceram minhas filhas e netos, e onde meu crescimento pessoal e profissional frutificaram como em nenhum outro lugar.

Aportei por essas bandas em 4 de janeiro de 1965, sem jamais imaginar que, em 2005, quarenta anos depois, receberia o tão honroso título de Cidadão Paulistano, concedido pela Câmara Municipal. E as surpresas não cessaram por aí: 51 anos após minha chegada, em 2016, tive a imensa satisfação de ver uma escola estadual ser denominada José Xavier Cortez, homenagem sancionada pelo Governador Geraldo Alckmin. As duas indicações foram formuladas pelo ex-vereador e hoje deputado estadual Carlos Giannazi.

A punição que me foi imposta pela ditadura civil-militar, em 1964, quando fui expulso da Marinha devido à minha atuação na Associação dos Marinheiros e Fuzileiros Navais do Brasil, fez com que eu deixasse o Rio de Janeiro para tentar a sorte em São Paulo. À época, tinha o diploma do que hoje chamamos Ensino Médio. Também tinha a juventude e a motivação como aliadas, o que significa uma força e disposição enormes para enfrentar e superar adversidades de todo tipo.

Assim, consegui um emprego como lavador de carros em um estacionamento localizado na rua Asdrúbal do Nascimento, no centro da Pauliceia Desvairada. Em paralelo, ganhei uma bolsa para fazer um cursinho preparatório para o vestibular, localizado em um prédio em frente ao estacionamento. O curso era ministrado por um grupo da Universidade de São Paulo (USP) e me possibilitou ingressar no curso de Economia da Pontifícia Universidade Católica de São Paulo (PUC-SP).

Uma vez naquele ambiente estudantil efervescente e cujos professores e alunos se pautavam por uma ideologia progressista, em plena época da ditadura civil-militar, tive a ideia de vender livros aos meus colegas universitários. Levei o negócio a sério e tive apoio de muitos desses estudantes. Aos poucos, também ia construindo bom relacionamento com meus futuros colegas do segmento editorial. Desde então, nunca mais parei de atuar nesse setor. Sete anos depois do começo como vendedor de livros, iniciei a carreira de editor publicando as famosas apostilas do professor Antônio Joaquim Severino, que, uma vez organizadas e ampliadas, se transformaram no que viria a ser, até hoje, um dos maiores sucessos de nossa Editora, o *best-seller* intitulado *Metodologia do Trabalho Científico* (1975), com várias edições e mais de um milhão de cópias vendidas.

É interessante lembrar, após tanta labuta, que, à primeira vista, essa metrópole grandiosa

"Alguma coisa acontece no meu coração"

costuma nos provocar sentimentos ambíguos que mesclam medo e fascínio. Em pouco tempo, no entanto, somos tomados pela curiosidade em relação aos cantos, encantos, dramas e desafios que ela vai nos mostrando em sua magnitude. Caetano Veloso, de quem tomei emprestado o título deste texto, já a definiu com maestria na canção *Sampa*, na qual menciona "a dura poesia concreta de suas esquinas", dentre outros versos primorosos. E o artista está certíssimo: a cidade é mesmo essa união de poesia e concretude, labirinto de ruas, bairros e regiões extensas, complexas, onde é possível tanto nos perdermos quanto nos encontrarmos.

São Paulo é multicultural, multirracial, pluripartidária, vítima de maus-tratos, ineficiência governamental, ausência de cuidados, planejamento. Então, ela se rebela em enchentes sucessivas, trânsito caótico, violência. Mas é, também, espaço de muitas cores, sotaques, arte, cultura, gastronomia, esporte, manifestações. Só quem vive aqui e aprendeu a amá-la sabe o quão impossível é não se entregar a ela. É o que pensei, há pouco, olhando por minha janela quando, mesmo vendo muito mais prédios do que parques, a considerei tão bela.

Obrigada, São Paulo, pelo casamento duradouro. Repleto de tantas dificuldades quanto belezas, como é comum aos grandes amores.

Dia das Mães

O que me veio à mente ao despertar do dia 10 de maio de 2020, Dia das Mães, foi a lembrança das minhas três filhas. De imediato, às oito horas e dois minutos, enviei mensagens a elas. A verdade é que essa não é uma data fácil de ser vivenciada quando a força motriz que impulsiona sua comemoração já não está mais entre nós, como é o caso de minha esposa Potira, que nos deixou em 2009.

Em uma situação como essa, é como se toda a experiência que atravessa a comemoração que, ressalte-se, tem início meses antes com comerciais de televisão, anúncios em *sites*, supermercados, lojas, dentre outros, funcionasse como um lembrete perverso. Uma nota mental que reforça, e muito, o sentimento de ausência, a saudade e a dor que sentimos pela falta da matriarca cuja história estará, para sempre, ligada à de nossa família.

Essa ausência parece ser ainda mais sentida pelo fato de que era uma data importante em nossa vida. Até porque, durante vários anos nosso núcleo familiar tornou-se o elemento agregador em torno do qual se reuniam os demais membros da família no momento em que ocorriam comemorações diversas. Recebíamos em nossa casa todos os cunhados, irmãs, sobrinhas e sobrinhos. E para coroar tais eventos, Potira, que era mestra em cozinhar delícias, preparava pratos especiais. Dentre os quais sua famosa lasanha, cuja lembrança nunca nos abandona.

Minha esposa passava quatro dias cuidando das etapas de produção da iguaria, dando o tempo necessário para que a massa "dormisse" como se deve. Durante esses dias, víamos as lasquinhas secando sobre a mesa. Era um evento. Em toda a família, relatos dão conta de que ninguém, nesses últimos dez anos, jamais comeu outra lasanha que sequer chegasse aos pés daquela.

Minha filha Mara, por exemplo, revela que em nenhuma de suas viagens, nem mesmo para a Itália, país famoso também pelas delícias gastronômicas – em especial as massas –, jamais conseguiu encontrar lasanha que se assemelhasse à de sua mãe. Essas nossas reuniões familiares contavam, ainda, com churrasco e o macarrão de tia Vera (também já falecida), irmã de minha esposa.

Tempos de Isolamento

Para além das questões pessoais, das lembranças das guloseimas, dos abraços e beijos que costumam marcar essa celebração, o Dia das Mães é uma data bastante aguardada pelo comércio, incluindo livrarias, que, assim como no Natal, costuma bater recordes de faturamento na ocasião. Para isso, investe cifras milionárias em publicidade. A comemoração, no entanto, não foi instituída com esse propósito. Enquanto no Brasil Getúlio Vargas só oficializou a data no segundo domingo de maio em 1932, nos Estados Unidos os esforços para estabelecer um dia específico em homenagem às mães tiveram início na década de 1850.

Foi por volta de 1858 que Ann Reeves Jarvis, cujo sonho era que o trabalho essencial das mães fosse reconhecido por todos, aproveitou o fato de ser muito ativa na Igreja Metodista Episcopal, onde criou clubes de trabalho nos quais as mulheres atuavam, para melhorar condições sanitárias e diminuir a mortalidade infantil e, ainda, cuidar de soldados feridos da Guerra Civil. A própria Ann, que tivera treze filhos, perdeu nove deles por doenças variadas. Dentre os quatro filhos sobreviventes, estava Anna Jarvis, responsável pela consolidação da data em homenagem ao Dia das Mães.

Dia das Mães

Ann faleceu em 1905 e, três anos após a morte, sua filha Anna conseguiu que o primeiro dia das mães fosse celebrado na Igreja Metodista de Andrews, na cidade de Grafton. A data escolhida por Anna Jarvis não foi aleatória. Ao fixar a comemoração no segundo domingo de maio, ela sabia que a homenagem cairia sempre próxima ao dia 9, data em que sua mãe havia falecido. Nessa primeira celebração, Anna distribuiu centenas de cravos brancos às mamães que compareceram à igreja. A flor era a preferida de sua mãe[12].

Para ela, o Dia das Mães deveria ter como propósito o agradecimento dos filhos pelos esforços de suas progenitoras em sua criação. Porém, o que ganhou força foi o aspecto comercial da data – mudança que Anna considerou um equívoco. Para ir contra essa verdadeira distorção de sua ideia, organizou boicotes e protestos na tentativa de resgatar a finalidade original da data. Anna seguiu com essas atividades até 1940. Em 1948, morreu em um sanatório[13].

---

12 - Vibeke Venena. Anna Jarvis, a mulher que se arrependeu de criar o dia das mães. Disponível em: https://www.uol.com.br/universa/noticias/bbc/2020/05/10/anna-jarvis-a-mulher-que-se-arrependeu-de-ter-criado-o-dia-da-maes.htm. Acesso em: 1 ago. 2020.

13- Luciana Galastri. A história obscura do dia das mães. Disponível em: https://revistagalileu.globo.com/Sociedade/noticia/2014/05/historia-obscura-do-dia-das-maes.html. Acesso em: 1 ago. 2020.

Neste ano de 2020, se viva estivesse, Anna se surpreenderia: por conta da pandemia, não houve alvoroço nas lojas, nas ruas, nos *shoppings*. Até porque com as lojas fechadas, quem quisesse presentear as mães teria de recorrer às compras por internet e, mais do que isso, criar estratégias para entregar os mimos, uma vez que as visitas aos mais velhos estão, para o bem de todos, restritas. Mesmo as entregas realizadas pelos Correios demandam uma série de cuidados, devido à possiblidade de as embalagens estarem contaminadas.

Sabemos que uma parcela significativa da população brasileira não compra pela internet por motivos que vão desde a falta de acesso a computadores, até a inexistência de costume para executar as tais compras *on-line*. Assim, esse último Dia das Mães, sob vários aspectos, foi realmente diferente, para dizer o mínimo.

No meu caso, com ou sem pandemia, sou um péssimo consumidor. Por toda a vida tive dificuldade em escolher e dar presentes e passo meses sem entrar em lojas ou *shoppings*. No entanto, nos Dias das Mães em que ainda tínhamos Potira conosco, eu fazia questão de presenteá-la com uma rosa vermelha, sempre com um bilhetinho colado. Pode

Dia das Mães 91

parecer pouco para quem está lendo este texto, mas, para mim, o compromisso de sair, comprar a flor e escrever o bilhete representava muito. Tivemos uma convivência pacífica durante quase quarenta anos. Minha esposa foi uma lutadora incansável, pois, além de dona de casa, era minha sócia na Editora, onde dava expediente diariamente, sendo querida por todos.

Há dez anos vivo sem sua presença física, mas essa ausência se torna menos dolorosa graças ao carinho e ao conforto que recebo das nossas filhas Mara, Marcia e Miriam. As duas últimas, por sua vez, me presentearam com netos: Julio, de seis anos, filho de Marcia; e João, de cinco, herdeiro de Miriam, minha caçula, que, ressalte-se, salvou meu Dia das Mães neste 2020 porque, mesmo sem podermos nos abraçar, esteve em minha casa para levar meu almoço (aliás, não foram poucas as vezes em que ela me levou refeições nesse período de isolamento).

Após a chegada dos meus netos, meus dias ficaram mais amorosos, divertidos, encantados. Assim, dentro das limitações que a vida nos impõe em determinadas circunstâncias, venho me cuidando e me preparando para enfrentar esse mundo de incertezas sem jamais perder a esperança de que, nos próximos anos, possamos passar o Dias das Mães juntos novamente. Já neste ano singular em que estamos, passei essa data simbólica solitário, o que deu margem a essas reflexões. Precisei me conformar em ver minhas filhas e netos por meio de uma chamada de vídeo de WhatsApp. Ainda assim, agradeci o fato de poder ouvir suas vozes e ver seus sorrisos, comprovando, por meio desse recurso tecnológico tão essencial aos dias de hoje, que todos estavam com saúde.

Essa pandemia nos ensina, dia após dia, a valorizar o fato capital de estarmos vivos e poder ouvir o som das palavras e das risadas de quem amamos, relevar reclamações e desentendimentos, buscar superar conflitos de toda ordem. Afinal, se estamos bem informados, sabemos que, para milhões de pessoas, no Brasil e no mundo, a vida nunca se apresentou tão vulnerável, tão passível de finitude. Assim, cabe a nós celebrar pequenas vitórias e alegrias, aprender coisas novas, buscar maneiras de sermos pessoas melhores, como, aliás, sempre desejaram nossas mães.

Dia das Mães

De agricultor a marinheiro: percalços e conquistas de um jovem brasileiro

Nesses últimos meses de isolamento, enxurradas de lembranças têm sido uma constante em meu cotidiano. Tão logo a quarentena começou, e precisamente a partir do momento em que decidi dar início à escrita destes textos, tenho tentado resgatar as memórias mais importantes dessas oito décadas de vida. Muitas se fixam na infância, adolescência e juventude, fases determinantes para a formação do indivíduo. Depois disso, o que me vem à mente com frequência são os pouco mais de cinquenta anos dedicados ao mercado livreiro e editorial. Um tempo repleto de desafios, vitórias, reviravoltas, perdas e ganhos. Entendo esse misto de alegrias e de tristezas da minha jornada profissional como algo inerente à condição de qualquer trabalhador que se dedica durante muito tempo ao mesmo ofício. É natural que haja dias bons e outros não tão bons assim, como em tudo na vida.

Comecei a me afastar da linha de frente dos negócios após completar oitenta anos, em 2016, quando iniciei a transferência da administração da Cortez Editora para Mara Regina e Miriam, minhas filhas e sócias. Minha ausência ganhou impulso no ano seguinte, quando meu estado de saúde passou a exigir mais cuidados, resultando em meu distanciamento radical da empresa por meses.

Somos uma editora familiar, cuja vertente de publicações contempla livros educativos, na sua maioria ligados às questões sociais. Desde 2016, vivemos uma instabilidade que atinge grande parte do setor. Muito do nosso desequilíbrio nas contas tem relação direta com governos que não privilegiam o ensino, a educação ou a pesquisa, culminando com atrasos em pagamentos ou cancelamentos de programas de compras de livros. Um cenário que vem nos penalizando sobremaneira. Acrescente-se, ainda, as dívidas não saldadas de dois dos nossos principais compradores: as Livrarias Saraiva e Cultura, ambas atravessando uma crise financeira sem precedentes, como é de conhecimento de todos.

O certo é que, depois de quarenta anos de atividades na Cortez Editora, que publicou mais de 1.300 títulos, tendo em seu catálogo mais de 1.500 autores de renome, nacionais e internacionais, nos encontramos em busca de soluções para permanecermos atuantes diante de um mundo de tantas incertezas.

Como venho cumprindo meu isolamento com rigor, inclusive por pressão das minhas filhas, mas não só – pois, aos 83 anos, tenho consciência da minha fragilidade –, resolvi escrever este livro como forma de preencher meu tempo de solidão. Além disso, conseguirei atender alguns amigos que, volta e meia, me pedem para publicar algo sobre minha experiência.

Porém, antes de enveredar por minhas vivências no mercado editorial, penso ser mais adequado trazer, primeiro, algumas reminiscências anteriores. Procurei não repetir muitas histórias, a não ser

De agricultor a marinheiro 97

o que fosse estritamente necessário para ajudar a situar leitores que pouco ou nada sabem a meu respeito. Ressalto, ainda, que os que desejarem ter acesso a uma gama maior de informações, podem consultar outros livros e documentários que recuperam muito da minha trajetória. Dentre eles, temos a biografia *Cortez – A saga de um sonhador*, de Teresa Sales e Goimar Dantas, livro finalista do Prêmio Jabuti, 2011; *Como um rio – O percurso do menino Cortez*, de Silmara R. Casadei, com ilustrações de Lisie De Lucca, obra que rendeu o vídeo animado homônimo; *Cortez em seus 80 anos*, coletânea de textos de colaboradores da Cortez Editora (2016) e, finalmente, o documentário *O semeador de livros*, de Wagner Bezerra, disponível no YouTube.

A origem

Nasci em 1936 e, como já relatei, me criei no Sítio Santa Rita, a 25 quilômetros de Currais Novos, no Rio Grande do Norte, região do Seridó. Trabalhávamos de sol a sol na agricultura de subsistência. Na nossa casa, a água era trazida em barril ou lata. Infelizmente, meus pais, Alice e Mizael, não chegaram a se beneficiar dos confortos da energia elétrica, pois faleceram pouco antes de ela chegar ao Sítio, em 2003. Dormíamos, todos os filhos, em redes. A única cama da casa pertencia aos meus pais. Foi nesse ambiente austero, desprovido de bens e de conforto, que vivi até meus dezesseis anos.

Trabalhei, acreditei e lutei – como continuo fazendo até hoje – para ter tudo o que me faltava naqueles tempos. Apesar de pouco alfabetizados, tanto meu pai quanto minha mãe tinham consciência da importância do estudo, da escola, do saber formal, ao qual nunca tiveram acesso. Por isso mesmo, contrataram educadores para nos ensinar em casa, profissionais que também atendiam outras crianças da redondeza.

Lembro-me, em particular, de um professor de nome Sebastião, que precisava caminhar cinco quilômetros sob o sol forte do meio-dia para chegar até nós. O lugarejo onde morava, conhecido como Mina de Ouro, hoje se chama Cascar Brasil Mineração. Mas há 75 anos tinha, ainda, outro nome: Poço Entupido. Quando menino, com idade entre oito e dez anos, visitava tal localidade com o auxílio imprescindível de um jumento. O animal me ajudava a transportar cerca de trinta garrafas de leite, as quais entregava na casa do senhor Chico Soares, que as revendia para as famílias dos garimpeiros.

De agricultor a marinheiro 99

As primeiras letras

Aprendi a ler em um livro intitulado *Cartas de ABC*, que representa o "método sintético", o mais tradicional e antigo de alfabetização. Por meio dele, tínhamos acesso, primeiro, às letras do alfabeto; depois, segmentos de um, dois ou três caracteres em ordem alfabética e, por fim, palavras cujas sílabas eram separadas por hífen. O fato de esse livro ter chegado à 107ª edição, em 1956, demonstra o sucesso da utilização desse modelo antigo de alfabetização nas escolas[14]. Já as contas, aprendi decorando a tabuada.

Frequentei escolas rurais, mas, aos treze anos, meus pais decidiram que o melhor seria eu estudar e residir na cidade de Currais Novos. Assim, numa segunda-feira, dia em que havia a feira naquela cidade, por volta das oito horas, meu pai me levou até o Grupo Escolar Capitão-Mor Galvão. Uma vez ali, explicou à diretora os planos que tinha para mim. Feito isso, me deixou na escola e seguiu para seus afazeres. A diretora, então, me deu uma folha de papel almaço e pediu para eu colocar meus dados.

---

14 - Disponível em: http://www.crmariocovas.sp.gov.br/obj_a.php?t=cartilhas01. Acesso em: 1 ago. 2020.

Também solicitou que eu fizesse uma cópia ou um ditado, não lembro ao certo. Era a primeira vez que eu entrava num espaço como aquele. Nervoso, tremia tanto que, ao colocar a caneta no tinteiro, o recipiente virou e derramou seu líquido sobre a mesa, contígua à dela.

Duas horas depois, meu pai retornou para me buscar e recebeu a informação de que fui classificado e poderia começar na semana seguinte, no equivalente ao quarto ano. Assim, para conseguir estudar, passei a morar na casa de tia Sofia, na rua principal da cidade, quase ao lado da Igreja Matriz, em frente à Praça Cristo Rei. Um ano depois, concluí o curso primário.

Nesse período, permanecia na cidade de segunda a sexta-feira e voltava para o sítio aos finais de semana. O que ainda hoje me causa estranheza é não ter constituído nenhum relacionamento duradouro de amizade com os colegas de classe. Tanto é assim que possuo vagas lembranças da turma.

O que mais me vem à memória é o vistoso prédio que abrigava o colégio, hoje inexistente. Atribuo essa falta de convivência social, tão comum e preciosa

De agricultor a marinheiro   101

entre crianças e adolescentes, ao meu jeito de matuto, caipira, beiradeiro, que mantive mesmo morando num lugar privilegiado.

O trabalho (ainda no Seridó)

Ao término do curso primário, final de 1950, aos catorze anos, voltei para o Sítio Santa Rita. Mas, dessa vez, não mais para a labuta do roçado. Isso porque a exploração das minas de ouro – inclusive descobrimos que havia esse metal precioso no sítio dos meus pais, mas, infelizmente, em quantidades diminutas – e também de scheelita, mineral portador do metal tungstênio, já havia começado na região. No Brasil, o Estado do Rio Grande do Norte já foi o maior produtor de scheelita (ou xelita) da América do Sul, com a mina Brejuí, localizada em Currais Novos[15].

Graças à exploração desses recursos, fui convidado por um tio para trabalhar um ano como vendedor numa mercearia que fornecia mantimentos aos garimpeiros de uma mina de scheelita, localizada no município de Santo Tomé. Nesse

---

15 - Disponível em: http://www.tribunadonorte.com.br/noticia/rn-a-o-9ao-do-paa-s-na-produa-a-o-bruta-de-ferro-e-ouro/453227. Acesso em: 1 ago. 2020.

período, o Sítio Santa Rita se mantinha tirando ouro no leito do rio, que secara, novidade que fez com que meu pai enxergasse a oportunidade de abrir uma mercearia em um dos cômodos da nossa casa. Assim, deixei de trabalhar com meu tio e voltei para ajudar meu pai nesse pequeno negócio.

Certo dia, porém, a natureza, sempre tão caprichosa e senhora de si, trouxe uma chuva das boas que provocou grande enchente. Assim, uma vez que o rio voltou a ser tomado pelas águas, ficamos sem acesso ao seu leito e nossa incursão pelo garimpo e pelas vendas de alimentos provenientes dele se deram por encerradas.

Pouco depois, surgiu outra oportunidade de trabalho para mim, novamente em uma mercearia que atendia a comunidade rural conhecida como Serra do Doutor, bem desenvolvida, distante cerca de vinte quilômetros do Sítio Santa Rita. Era uma casa com uns oito cômodos, recuada uns quarenta metros da estrada de rodagem. No último cômodo, um salão com tamanho em torno de cinquenta metros quadrados, voltado para a estrada, funcionava a tal mercearia, pertencente a Tino Souza, nosso primo e amigo. Era um comércio bem sortido de secos e molhados, bebidas e outros itens disponíveis para aquela freguesia.

De agricultor a marinheiro 103

A casa, por sua vez, pertencia a uma família que, acredito, alugava para o meu primo o cômodo onde funcionava a mercearia e, uma vez que ele morava distante do local, precisava de alguém para tomar conta do negócio. Assim, a família proprietária da residência me hospedava num quarto ao lado da mercearia. Tenho uma boa lembrança desse lugar, pois foi lá que namorei uma moça com idade bem superior à minha. Ela era responsável pela preparação de gostosas guloseimas caseiras para serem vendidas naquele estabelecimento, tais como biscoitos, bolos e cocadas. É uma pena que, a despeito dos meus esforços para resgatar o nome dela, a areia do tempo se encarregou de apagá-lo.

Esse foi meu último emprego no ramo de mercearias, também conhecidas na região como "bodega ou barracão". O curioso é que também não me lembro porque deixei de trabalhar ali: teria o comércio encerrado as atividades? Fica aí mais um mistério insolúvel em minha biografia.

Os anos de 1953/4 foram marcados por um período de estiagem que acabou por provocar um movimento migratório considerável. Muitas famílias e jovens (inclusive a moça que namorei) partiram para outras regiões do País, que, de maneira generalizada, chamávamos de "Sul". Da minha família, não me lembro se alguém migrou. Entretanto, da Serra do Doutor e adjacências partiam, semanalmente, os caminhões chamados de "pau de arara", sacolejando estrada afora à procura do destino onde se fixaram esses conterrâneos.

Novas buscas, novo destino: Marinha do Brasil

Em 1954, cheguei aos dezoito anos, idade de servir às Forças Armadas. Então, meus pais pediram que tio Alfredo, residente em Natal, e que tinha filhos da minha idade, aceitasse me receber em sua casa até que se encerrassem os trâmites que me levariam à Aeronáutica, meu plano inicial. A bem da verdade, tio Alfredo era primo de meus pais e, consequentemente, nosso primo de segundo grau. Mas, como era bem mais velho que eu e meus irmãos, o chamávamos carinhosamente de tio.

Uma vez instalado na capital do Rio Grande do Norte, me apresentei à Aeronáutica, mas fui dispensado por não ter a altura exigida. Um tanto desorientado, recorri à Marinha e fiz minha inscrição. Entretanto, como desconhecia a morosidade

De agricultor a marinheiro 105

dos processos burocráticos, fiquei sujeito a informações desencontradas, aguardando a data que poderia embarcar como aprendiz de marinheiro na Escola do Recife.

Próximo ao término do ano, a data para a viagem foi finalmente agendada: março de 1955. Tio Alfredo possuía uma situação financeira estável. Nenhum dos seus oito filhos precisava trabalhar, podendo se dedicar inteiramente aos estudos. Toda a família me tratava cordialmente. Moravam numa chácara com muitas árvores frutíferas, localizada em um bom bairro de Natal, perto do centro da cidade. No entanto, eu não me sentia confortável com aquela situação de dependência. Procurava ajudar puxando água do cacimbão e, junto com meu tio, interceptando as formigas que destruíam as frutas.

Imaginem só ficar sete, oito meses nesse impasse, vendo o pouco dinheiro que trouxe se acabando e sem querer pedir mais aos meus pais, que possuíam recursos limitados. Assim, dois meses após minha chegada, comecei a ficar impaciente. Certa noite, tomei coragem e fiz uma proposta ao meu tio. Percebi que a quantidade de frutas produzidas pela chácara era superior ao que a família consumia.

106 *Tempos de Isolamento*

Muitas estragavam, se perdiam. Por isso sugeri que o tio me consignasse umas mangas e cajus. Eu sairia às ruas e tentaria vender. Se desse certo, pagaria uma porcentagem a ele e ficaria com o restante.

Tio Alfredo topou. Ofereceu-me um balaio que havia na dispensa para que eu pudesse transportar a mercadoria. Durante uns quatro meses, me tornei vendedor de frutas, inclusive com alguns fregueses fixos.

Dois fatos curiosos

Uma situação inusitada surgiu durante essas minhas andanças vendendo frutas. Sem saber de quem era a casa, bati palmas no portão de uma residência na rua dos Pajeús, no bairro Alecrim. A moradia ficava nos fundos do quintal, recuada da rua cerca de trinta metros. De lá, saiu uma senhora que, para minha surpresa, reconheci ser Venera, minha tia-avó, da qual minha mãe era sobrinha. Nós a visitávamos constantemente quando ela morava em Currais Novos.

Com certeza ela iria me reconhecer, pensei. Matuto até a medula, isso foi suficiente para que eu me sentisse, de imediato, envergonhado. Sem pensar duas vezes, aproveitei os trinta metros que a tia ainda teria que caminhar para alcançar o portão e

De agricultor a marinheiro 107

fugi apertando o passo. Ligeiro como só a juventude permite, enquanto dobrava a esquina ainda pude ouvir o chamado de tia Venera: "– Menino, ei, menino!"

Anos depois, já editor, livreiro e muitíssimo menos retraído, voltaria à casa dessa tia bem acompanhado. O ano era 1972 e adentrei aquele portão chegando à casa recuada, dessa vez com minha filha Mara, de um ano, no colo. Ao meu lado, minha esposa Potira, que, vejam vocês (!), tinha grau de parentesco com minha família e, assim, era neta de dona Venera. A vida dá voltas inimagináveis. Nossa visita foi uma festa só. Nossa tia, já bastante idosa, vivia com seu filho, José Bezerra Gomes, conhecido escritor e poeta potiguar, irmão do pai de Potira.

Outro episódio marcante dos tempos em que vivia com tio Alfredo foi quando vi o mar pela primeira vez, depois de chegar a Natal. Fiquei espantado com aquela imensidão de água à minha frente. Imensidão à qual me tornaria íntimo meses depois, quando o destino me levaria a singrar mares pelo Brasil e pelo mundo, como marinheiro.

Em meados de dezembro, quando veio a confirmação da data na qual viajaria para o Recife, contava com certa quantia em dinheiro, adquirida com a venda das frutas, e fui passar as festas de Natal e Ano-Novo em casa, com meus familiares.

Sentar praça na Marinha

Em um dia de março de 1955, entrei em um trem do tipo maria-fumaça, meio de transporte que ainda não conhecia, com destino à Escola de Aprendizes-Marinheiros de Pernambuco (EAMPE), localizada em Olinda (PE). Cheguei à noitinha, junto com muitos futuros colegas de armas. Ao entrarmos na escola, vimos que já havia hóspedes, aprendizes vindos de dois ou três Estados próximos a Pernambuco.

Tarde da noite, depois de alguns preparativos e discursos de praxe, nos colocaram, se não me falha a memória, em um enorme alojamento com vários beliches que, em vez de colchões, possuíam apenas uma lona esticada. Foi um Deus nos acuda! Particularmente, me senti perdido, sem compreender como puderam nos receber dessa forma tão pouco confortável. Até porque a maioria daqueles jovens era inexperiente como eu e estávamos todos cansados após um dia de viagem. Tudo que queríamos era um local mais acolhedor, aconchegante. Mas ressalto: essa memória tem mais de cinquenta anos

De agricultor a marinheiro

e pode ser que essa não seja uma descrição muito exata daquele cenário, mas quando penso naquele dia, realmente são essas as imagens e as sensações que ainda hoje me ocorrem. Uma recepção decepcionante, para dizer o mínimo.

Aquela noite difícil foi meu batismo de fogo. Era o primeiro passo rumo a uma nova caminhada num mundo cujas novidades e descobertas eu jamais poderia imaginar. Durante dez meses, tive de me adaptar aos ensinamentos teóricos e práticos que marcavam a rígida preparação, em muitos sentidos benéfica, naturalmente, para prosseguir na carreira militar.

Éramos cerca de trezentos aprendizes. No dia seguinte à nossa chegada, nos entregaram os fardamentos e começamos a receber as instruções. Não tive muitas dificuldades, pois sempre fui obediente. Tudo naquela manhã de sol era novo. A começar pela fila imensa para receber o café com leite e o pão. Fomos obrigados a ficar de pé enquanto ouvíamos horas de orientações: do cabo que formava a fila; do sargento que se apresentava como instrutor; do tenente que falava do regulamento e, em seguida, do comandante nos dando as boas-vindas e recomendando obediência aos superiores.

Aliás, eram todos superiores, exceto nós. Aprendizes sem nenhuma graduação, os últimos da escala hierárquica daquela instituição. A despeito disso, para mim era um processo de ascensão muito significativo e rápido. Sair do sertão de Currais Novos, passar pela capital do Rio Grande do Norte e ter como destino outra capital, Recife, já era um passo enorme para alguém que nunca tinha tido oportunidade de sair para longe de casa, viajar, desbravar fronteiras.

Durante nove meses, tivemos aulas, por vezes até à noite. As disciplinas eram variadas: desde matérias escolares básicas, como Geografia, História e Português, a matérias aplicadas ao ofício de marinheiro, dentre elas: ordem-unida[16], natação, marinharia[17]. Como internos, podíamos sair apenas nos finais de semana. Mas eu, como sempre muito medroso, conheci pouquíssimo da capital pernambucana. Tivemos licença para passar o Natal e o Ano-Novo em casa. Que felicidade! Fui com a farda branca de aprendiz de marinheiro.

---

16 - Formação habitual de marcha, de parada ou de reunião dos componentes de uma tropa, que observa as distâncias e os intervalos estabelecidos. Disponível em: https://dicionario.priberam.org/ordem-unida. Acesso em: 3 jun. 2020.

17 - Profissão ou arte de marinheiro, parte prática da navegação. Disponível em: https://dicionario.priberam.org/marinharia. Acesso em: 1 ago. 2020.

O susto

Aproveitando a licença de dez dias da Escola de Aprendizes fui, cheio de saudades e muitas histórias, visitar meus pais, que, naquele ano, tinham se mudado para o Sítio Ubaeira, pertencente ao meu avô materno, José Augusto, e distante quinze quilômetros do Sítio Santa Rita. Antes de partir para a viagem que me levaria a Natal e Recife, tinha deixado um irmão caçula, José Nizário (futuramente conhecido como Gomes), com idade por volta de três anos. No dia do meu retorno, quando me aproximei de casa, ele brincava no quintal e, ao me ver com a farda de marinheiro, assustou-se. Com medo ou com vergonha, se embrenhou numa capoeira e ficou de tocaia, olhando por entre as frestas de uma moita. Depois de um certo tempo, minha mãe o chamou e explicou que eu era seu irmão, e que não precisava ter medo etc.

Ainda hoje Gomes não sabe dizer o porquê desse susto tão grande. O fato é que rimos a valer.

Destino: Rio de Janeiro

Saímos do Recife em 17 de março de 1956 no navio-transporte Barroso Pereira. Chegamos ao Rio de Janeiro na madrugada do dia 21 (uma quarta-feira). Desacostumado com o balanço do navio, não passei bem em nenhum daqueles dias. Enjoei várias vezes.

Ao subir ao convés ainda escuro, com o navio já fundeado na Baía de Guanabara, olhei para os lados e, um pouco assustado, vi aquela infinidade de lâmpadas rentes à linha d'água: de um lado, o Rio de Janeiro e, do outro, Niterói. Por entre um nevoeiro espesso, rapidamente divisei o Pão de Açúcar e, ao clarear o dia, o tão falado Cristo Redentor.

Continuava o mesmo matuto de antes, só que agora na capital da República. Desorientado e sem conhecer ninguém na cidade maravilhosa, fiquei alguns dias embarcado, até que nos encaminharam para as diversas unidades da Marinha. Foi quando pisei em terra firme e segui para o Quartel de Marinheiros da Avenida Brasil, onde atuei como auxiliar de enfermagem.

Todo o tempo restante passei embarcado, exercendo serviços rotineiros do navio. Só depois de ter feito o curso de especialização de máquina é que passei a trabalhar na Divisão de Máquinas do Cruzador Barroso. Na Marinha cheguei até a graduação de Cabo. Antes disso, passei pela estrutura

De agricultor a marinheiro   113

organizacional da época: Grumete, Segunda Classe e Primeira Classe.

Esse período que vai de março de 1955 a dezembro de 1964 está narrado com detalhes no livro *Cortez – A saga de um sonhador* (Cortez Editora, 2010), de Teresa Sales e Goimar Dantas.

Um parêntese

Como acabo de mencionar, na minha vida como marinheiro passei por três navios: o navio-transporte Barroso Pereira, o contratorpedeiro Marcílio Dias e o Cruzador[18] Barroso, velho barco onde servi por cinco anos, saindo apenas sete meses antes de ser expulso da Marinha, em 1964, após o golpe civil-militar. A expulsão se deveu à minha participação na Associação dos Marinheiros e Fuzileiros Navais do Brasil, na qual, junto com outros colegas, reivindicava melhorias nas condições de trabalho, entre outras.

A insatisfação com as precárias condições que tínhamos de enfrentar em nosso dia a dia já existia, na verdade, desde a época de João Cândido, líder da

---

18 - Navio poderosamente armado e empregado para o comando, escolta e luta antiaérea ou antissubmarina. Disponível em: https://dicionario. priberam.org/cruzador. Acesso em: 10 ago. 2020.

Revolta da Chibata no começo do século passado[19]. Tive a grata oportunidade de conhecê-lo, quando foi homenageado pela Associação dos Marinheiros, por ocasião do seu aniversário, em 1963. Durante esses sete meses que permanecemos em terra, antes da expulsão, nos enviaram para Quartel de Marinheiros da Avenida Brasil, onde já havia estado anos antes como auxiliar de enfermagem. Ficamos ali respondendo o Inquérito Policial Militar (IPM) até a expulsão definitiva, ocorrida em 17 dezembro de 1964.

Mas antes de tudo isso, o tempo em que estive embarcado no Cruzador me traz boas recordações. A maioria das viagens realizadas tinha por objetivo nosso treinamento e aconteciam na própria costa brasileira. Para o exterior, viajei duas vezes à Argentina; fui também ao Uruguai e, em julho de 1960, para Portugal. O objetivo dessa viagem era comemorar o quinto centenário da morte do Infante Dom Henrique, o Navegador.

Juntamente com outras tantas embarcações de marinhas de todo o mundo, lembro que nessa

---

19 - Teresa Sales e Goimar Dantas – *Cortez*: a saga de um sonhador. São Paulo: Cortez, 2010, pág. 124.

De agricultor a marinheiro   115

viagem para Lisboa passamos antes em Las Palmas, capital da Grã-Canária, e Cádiz, cidades centenárias na costa da Espanha, onde comprei um rádio portátil de pilhas com dólares que conheci pela primeira vez.

Para essa comemoração, nosso navio transportava o então Presidente da República, Juscelino Kubitschek de Oliveira, com sua esposa e filhas, além de outras autoridades. A entrada do navio no rio Tejo foi uma verdadeira apoteose, com centenas de embarcações de todos os tamanhos, embandeiradas, cada qual com suas buzinas, dando vivas, palmas e salvas de canhão, provocando um alarido só. Um evento inesquecível. A celebração durou alguns dias e teve início com um grande desfile militar. Tenho vaga lembrança – pode ser que esteja embaralhando uma ou outra recordação, afinal, meus 83 anos volta e meia costumam me pregar algumas peças – de que o presidente e sua comitiva embarcaram em nosso navio trazidos por um helicóptero que pousou no convés, vindo de uma cidade próxima, horas antes da atracação em Lisboa.

Mas nem só de momentos de aprendizado e glória viveu o Cruzador Barroso. A nota mais triste

116 *Tempos de Isolamento*

envolvendo o navio ocorreu em 14 de agosto de 1967, três anos após meu desembarque. Na madrugada daquele dia, um acidente na praça de máquinas, que tantas vezes – como especialista que era – coloquei para funcionar ou desligar, causou uma verdadeira tragédia. Uma rede de vapor superaquecido rompeu, provocando a morte de onze militares com patentes diferentes e ex-colegas marinheiros, dentre os quais José Salvador, natural da Paraíba, um amigo do peito graduado Cabo, como eu.

Quanto trabalho por vezes dispendíamos para consertar peças daquele navio adquirido dos Estados Unidos após ter sido usado nos combates da Segunda Guerra Mundial e incorporado à Marinha do Brasil em 1951. Embora a aquisição tenha sido vista como um bom negócio, tenho cá minhas dúvidas, já que tantas vezes tivemos, eu e meus companheiros, de restaurar suas peças.

Uma curiosidade referente a esse período como marinheiro é que, durante os anos em que estive longe da casa dos meus pais, e vivendo todas essas experiências na Marinha, incluindo minha expulsão, mantive correspondência com meus familiares, relatando tudo o que me acontecia. Porém, após o

De agricultor a marinheiro 117

golpe civil-militar de 1964, meus pais, ao que tudo indica, escutaram comentários a respeito do rebuliço que "o tal do comunismo" estava fazendo no mundo. Assim, incentivada por não se sabe quem, minha mãe achou por bem queimar todas as cartas e fotografias que enviei para ela durante o tempo em que fui marinheiro, de certo achando que aquilo poderia, de alguma forma, me prejudicar.

Só descobri isso em 1972, quando, já casado, voltei ao Rio Grande do Norte com minha família e pedi a minha mãe que me mostrasse as cartas e fotografias que eu havia enviado enquanto estive ausente. Foi então que ela me contou que havia posto fogo em tudo.

Um pouco de história (sobre ser editor)

Alguém me perguntou qual a diferença entre ter sido plantador de feijão e milho e, depois de passar por essa experiência, ter me tornado um editor de livros. Respondi que, quando jovem, cultivava a terra que produzia alimentos, que nutriam nosso corpo. Hoje produzo livros que alimentam nossas mentes, nossas almas. É uma mudança e tanto, e preciso dizer que me sinto privilegiado por ter podido vivenciar duas experiências tão ricas.

Durante pouco mais de cinquenta anos no mercado livreiro e editorial, aprendi que o editor é uma pessoa constantemente desafiada a defender seus princípios e seus valores. Não há crise social que não cobre do profissional do livro um posicionamento, uma manifestação de ideais, uma declaração de opinião.

É compreensível, uma vez que a matéria-prima de cada livro diz respeito, em primeiro plano, à humanidade, àquilo que todos e todas têm em comum.

O ser humano tem fome de pão e, uma vez saciado dessa necessidade vital, pode se ocupar, também, da fome de conhecimento. Quanto à sede do corpo, é satisfeita com um bem precioso, que é a água; já a sede de espírito pode ser sanada com esperança, amor, alegria.

E exercer a profissão de editor diz respeito a lidar com a fome de conhecimento e a sede de esperança. Diz respeito, ainda, a produzir livros para nutrir aquilo que de mais sublime as pessoas podem fazer, que é entregar para a sociedade e para as gerações seguintes bons motivos para continuar.

Tornei-me editor por obra do acaso, força das circunstâncias. Em meados da sombria década de 1970, tendo por base a criação da Livraria Cortez & Moraes, empresa fundada em 1968, mergulhei aos poucos no oceano editorial, permanecendo como sócio até 1979.

Em janeiro de 1980, o perfil de minha atuação profissional ganhou contornos definitivos. Com uma sociedade familiar, foi iniciada a Cortez Editora e Livraria, em São Paulo. Esse projeto contou com a dedicação integral de minha família e, desse compromisso, resultou a publicação de mais de 1.300 títulos, dando vida editorial ao pensamento, às pesquisas e às análises de mais de 1.500 autores.

Nessa lavoura da alma não foram cultivados apenas livros, mas também periódicos reconhecidos, entre os quais uma revista que permanece, a *Revista Serviço Social & Sociedade*, um marco na história da profissão e de seus pesquisadores. Um veículo político, no sentido de que traz o pensamento crítico e a indignação contra desigualdades e injustiças. Vale citar outros periódicos que coeditamos, como a *Revista Educação & Sociedade*, do Centro de Estudos *Educação e Sociedade* (Cedes), ligada à Unicamp, os *Cadernos de Pesquisa da Fundação Carlos Chagas* (FCC) e a *Revista da Associação Nacional de Educação* (Ande).

Aliás, essa marca, esse selo de qualidade, caracteriza o catálogo construído nessas quatro décadas. Com grande pluralidade de ideias e análises, podemos reconhecer que as desigualdades sociais e a ausência de ações e princípios democráticos de nossa sociedade foram e são densa e criticamente abordados em nossas obras.

Um pouco de história (sobre ser editor)

Abrimos espaço para a riqueza da literatura infantojuvenil e, assim como se deu no universo acadêmico, essa produção para os pequenos e para os jovens tornou-se reconhecida, premiada e passou a fazer parte do cotidiano de muitas escolas que adotam nossos títulos. Essa área também me fascinou de tal forma, que, em alguns momentos, me sinto voltando a ser criança, dessa vez maravilhado com os livros que, infelizmente, não tive oportunidade de possuir na infância. É um orgulho imenso olhar para trás e ver que enveredamos por essa seara lúdica, ligada à fantasia, a esse portal tão especial e possível de ser acessado por meio da poesia e da prosa escritas para os pequenos leitores.

Ao longo desses anos, compreendi o poder mágico desse produto diferenciado que é o livro. Todas as caminhadas de minha experiência pessoal, objetiva e subjetivamente, foram envolvidas pela convicção de que o livro acrescenta incontáveis benefícios para quem lê, benefícios duradouros, compostos por palavras que permanecem constituindo nossas vidas, ações, reflexões.

Consolidamos nossa linha editorial a partir de uma circunstância muito especial. Fomos influenciados e auxiliados pela comunidade acadêmica da PUC-SP, instituição que faz parte de minha biografia. Fui e sou seu aluno. Primeiro, no curso de Economia, há 51 anos, e, agora, no curso da Universidade Aberta à Maturidade (UAM). Mas é como editor que conservo a memória e gratidão aos seus educadores, que nos anos de ditadura mantiveram a resistência democrática e cederam seus espaços para palestras e debates, como o Teatro da Pontifícia Universidade Católica de São Paulo (Tuca), dando voz e vez aos opositores do regime antidemocrático.

Da efervescência daqueles anos iniciais, que se projetou até os dias atuais, contamos com a confiança e a amizade dos que nos encaminharam seus originais, suas pesquisas, cujas publicações se tornariam parte de um verdadeiro acervo democrático da sociedade brasileira.

Foram quatro décadas de lutas e desafios. Mantivemos um ritmo de crescimento constante, ultrapassando períodos recessivos na economia, mas também sofrendo os efeitos que os setores vinculados à educação, às humanidades, às artes costumam vivenciar em sociedades desiguais como

Um pouco de história (sobre ser editor)   125

a nossa. Essa foi e é uma vulnerabilidade que os projetos baseados no livro acadêmico sempre conheceram de perto.

Mas em todos os momentos, os prósperos e os minguantes, mantivemos nossos princípios. Cerca de 90% de nossos autores são brasileiros, e a Cortez Editora não hesita em apresentar-se como casa editorial a serviço da defesa da cultura nacional. Temos clareza de que atuamos num mercado competitivo, muitas vezes restritivo e pouco aberto àqueles que não contam com a força dos impérios multinacionais na retaguarda.

Para contornar essas dificuldades e dar vazão ao nosso acervo, prestigiamos nossos(as) autores(as) expondo seus livros em feiras e bienais nacionais e internacionais. Isso, aliás, tornou-se, enquanto foi possível, uma marca registrada da Cortez Editora.

Conseguimos romper barreiras inimagináveis há trinta anos, quando fomos bem-sucedidos na meta de comercializar nossos títulos no exterior e negociamos a tradução de muitos livros, em vários idiomas. Esse histórico de luta e superação de desafios manteve-se até 2016. Esse ano, marcado por um golpe parlamentar-jurídico e midiático que afastou a Presidenta Dilma Rousseff, também pode ser reconhecido como parâmetro para aferição de uma grande crise.

O que se sucedeu com o País após 2016 abriu espaço para crescentes crises econômicas, com efeitos destrutivos na cadeia de produção e comercialização de livros como os nossos, ou seja, de títulos, entre outros, pertencentes às áreas das Ciências Humanas, como Educação, Serviço Social, Literatura Infantil e Juvenil, Ciências da Linguagem, entre outras.

As políticas públicas para o livro e para a leitura se tornaram restritivas, gerando situações que só podiam ser enfrentadas com o doloroso encolhimento da empresa. Tornou-se inescapável diminuir de maneira drástica as atividades editoriais e livreiras.

A irracionalidade de nossa estrutura política e econômica nos deixa perplexos, é verdade, mas nem por isso menos dispostos a enfrentar os desafios, a ir à luta. Seguimos fazendo nossa parte com o mesmo senso de responsabilidade e compromisso.

Tínhamos projetos alinhados, executados com dificuldade, mas com planejamento, contatos estáveis e um nome honrado e respeitado no mercado editorial. Participávamos ativamente de todas as

Um pouco de história (sobre ser editor) 127

feiras e bienais nacionais do livro, marcando presença, também, nas feiras internacionais, como as de Frankfurt, Bolonha, Guadalajara e Buenos Aires, com o objetivo, ressalte-se, de *vender* e não de comprar direitos autorais. Em outras palavras: nosso objetivo era privilegiar o autor nacional.

Nesses quarenta anos de atividades, estivemos em muitos eventos sociais, seminários, jantares e palestras do segmento livreiro e editorial. Sempre cultivamos uma relação muito boa e amistosa com todos os representantes do setor, tanto eu quanto nossos ex-diretores, Erivan Gomes e Ednilson Xavier, que hoje já estão à frente de seus próprios empreendimentos. Atualmente, cabe às sócias Mara Regina e Miriam Cortez nos representar.

Os membros de nossa diretoria também marcaram presença nas entidades ligadas ao setor. No meu caso, fiz parte de duas ou três diretorias da Câmara Brasileira do Livro (CBL), além de ser um dos fundadores da Associação Nacional de Livrarias (ANL) e da Associação Brasileira de Direitos Reprográficos (ABDR), nas quais também tomei parte das respectivas diretorias.

É um orgulho atuar em todas as frentes que dizem respeito ao universo dos livros e, nesse contexto, precisamos mencionar o quanto somos felizes pelo fato de nossa Editora ter sido agraciada, juntamente com seus autores, com vários Prêmios Jabuti[20].

Contribuímos para levar as ideias e reflexões de muitos escritores nacionais para várias nações, em idiomas diversos, graças ao empenho em comercializar nossos livros no exterior. Nós, bem como nossos autores, temos imenso orgulho de termos lançado tantas sementes pelo mundo. Prova disso são os títulos, em espanhol, da coleção *Biblioteca Latinoamericana de Servicio Social*, coordenada por Carlos Montaño e Elisabete Borgianni, que se tornou uma referência na área nos países latino--americanos. Nesses tempos de pandemia, em que as gravações de *lives* se tornaram uma febre nas redes sociais, como forma de compartilhar informações e conhecimento, volta e meia assisto essas transmissões com profissionais da área de Serviço Social, que citam essa nossa coleção, bem como muitos outros títulos publicados pela Cortez Editora.

É uma pena que o complexo contexto econômico e político que atravessamos hoje implique, entre outras coisas, a falta de continuidade dessas

---

20 - O Prêmio Jabuti, criado em 1959, é considerado o mais tradicional prêmio literário do Brasil.

Um pouco de história (sobre ser editor) 129

ações, o que, certamente, enfraquece todo um esforço dispendido, até que possamos, em breve, retomar os contatos. Essa interrupção nos causará prejuízo, não só financeiro, mas também de reconhecimento dos valores intelectuais do autor brasileiro.

As recessões sempre deixam marcas, muitas delas dolorosas e impossíveis de evitar. Se num momento vibrávamos com a presença de 68 funcionários, uma verdadeira família de profissionais unidos pelo desejo de fazer o seu melhor, no outro, devido às crises sucessivas aliadas ao cenário dramático da pandemia, tivemos de tomar a difícil decisão de diminuir o número desses colaboradores.

Foi o que aconteceu em maio de 2020, quando precisamos rescindir o contrato de quatro funcionários muito queridos (Evandro, Gustavo, Luana e Tatiane), que realizavam tão bem o trabalho de nossa logística, localizada em uma cidade próxima a São Paulo. O momento era de tristeza, mas, ao mesmo tempo, nosso coração foi acalentado por um vídeo comovente feito por eles. O teor da gravação era o agradecimento dos quatro por terem podido conviver e aprender conosco durante o período em que estiveram ao nosso lado.

A emoção daquela despedida, em certo sentido, sintetiza a dinâmica da vida, uma vez que encontramos a alegria e a dor no dia a dia, em todas as nossas experiências. E, assim, damos sequência à nossa caminhada, reconhecendo as pedras do caminho e tentando transformá-las em pontes que nos façam atravessar na direção de um lugar melhor, mais digno de nossos sonhos. Fazemos tudo isso tentando fazer da revolta – fruto de nossa consciência em saber que nada disso deveria acontecer – um impulso capaz de nos levar além.

E como diria Antonio Machado, se o caminho se faz ao andar, nossos passos prosseguem e, em cada movimento, tentamos deixar evidente nossa gratidão aos que estiveram ou estão conosco nessa travessia. Quem sabe possamos nos reencontrar nesse templo da leitura que juntos construímos. Temos o caminho trilhado e o caminho por trilhar. Prosseguiremos noite afora até amanhecer. Semear livros e ideias, que missão mais bonita é essa nossa! Dela tiramos força para seguir acreditando e construindo, dia a dia, o futuro.

Rodas de conversa

Tudo começou em 2010, quando foram lançados o documentário *O semeador de livros*, de Wagner Bezerra; a biografia *Cortez – A saga de um sonhador*, de Teresa Sales e Goimar Dantas; e ainda a biografia para crianças intitulada *Como um rio – O percurso do menino Cortez*, de Silmara Rascalha Casadei e ilustrações de Lisie De Lucca – acompanhada de um vídeo animado. No caso da biografia assinada por Teresa e Goimar, fizemos diversos eventos de lançamentos pelo Nordeste, especificamente nas cidades de Natal, Recife, Currais Novos e Campo Redondo, importantes em minha trajetória.

Além disso, a TV Cultura de São Paulo transmitiu, em rede nacional, um compacto de 22 minutos do documentário O semeador de livros. Após toda essa exposição, comecei a ser procurado por amigos, professores e leitores, que vinham em nossa livraria convidando-me para eventos de diversas naturezas, entre os quais visitas às escolas e palestras sobre o universo do livro e da leitura. O objetivo era que eu conversasse com as crianças sobre minha experiência de menino sertanejo que saiu da roça, estudou em escola rural e se tornou livreiro e editor.

Aos poucos, esses convites se estenderam para classes de Educação de Jovens e Adultos (EJA). Foi um tempo emocionante e de grande aprendizado. Nunca me imaginei diante de uma turma de crianças e adolescentes com idades que iam de oito a dezesseis anos, ou de professores e adultos com faixas etárias mais próximas à minha.

Diante de tantos convites, criei um projeto chamado *Rodas de conversa – A leitura, o livro e o editor*, cujos detalhes você poderá encontrar no *site* de nossa Editora. Essa história começou em São Paulo e, em 2011, iniciamos nossas viagens para fora da capital paulista, em uma escola do município de Ipanguaçu, no Rio Grande do Norte, onde estive em virtude de uma sugestiva proposta da professora Aloma Farias. O projeto seguiu até 2016, ano em que, por questões de saúde, tive que suspender esses encontros.

O tempo dos bate-papos variava em torno de sessenta minutos. Quando o público era composto por crianças, os diretores ou coordenadores me apresentavam aos pequenos e, na sequência, os alunos assistiam ao o vídeo animado *Como um rio – O percurso do menino Cortez*, derivado do livro de mesmo nome. Em geral, prestavam muita atenção e se mostravam curiosos. Ao término, os estudantes faziam perguntas. Alguns tinham lido o livro e vinham pedir meu autógrafo; já as crianças do ensino público se baseavam apenas no documentário para elaborar as questões a que eu deveria responder. Eram momentos gratificantes. Contávamos sempre com a ajuda dos professores, que, por vezes, se emocionavam assistindo à minha história em vídeo.

Mas se o público era de estudantes adultos, optávamos por exibir o documentário *O semeador de livros*, com 22 minutos. Em seguida, abríamos para perguntas. Diferentemente das crianças e adolescentes, muito mais espontâneos, os alunos da EJA se mostravam tímidos, acanhados. Mesmo quando eu ressaltava minha origem, tão semelhante à de muitos deles, e com os professores estimulando os estudantes a participarem mais, era difícil conseguir maior interação com esses grupos. Uma pena! Perdíamos todos com isso, já que de certo modo meu desejo era conseguir acessar

Rodas de conversa 135

seus universos repletos de problemas e desafios e lhes transmitir otimismo. Até porque aquele era um mundo ao qual eu já pertencera, mas que conseguira deixar para trás.

Nesses seis anos, acredito ter apresentado esse projeto em uma centena de escolas públicas e privadas, quinze cursos de Educação de Jovens e Adultos e oito universidades – nesse último caso, conversando com professores. Esses contatos, particularmente com crianças e adolescentes, me proporcionaram enveredar por uma área pouco conhecida, me fazendo sentir, por vezes, como um professor em sala de aula.

Claro, conheço minha história de cor e salteada, mas, por não ter formação pedagógica para lidar com esses alunos, temia não corresponder às expectativas. Lembremos que a criança que fui há mais de setenta anos em nada se compara às crianças de hoje. Há um distanciamento enorme sob todos os aspectos. Inicialmente, tive certa dificuldade com as perguntas surgidas logo após as exibições do vídeo animado *Como um rio*. Os alunos queriam saber, por exemplo: por que fui expulso da Marinha; se eu tinha arranjado namorada depois da viuvez; e até mesmo o que havia causado

136 Tempos de Isolamento

o falecimento de minha esposa, Potira. De modo geral, eram questões pertinentes. Interessante ressaltar que não notei diferenças acentuadas entre as crianças das escolas particulares de diferentes regiões do País onde estive com o projeto. Entretanto, na rede pública, observei que os estudantes se mostravam mais retraídos, menos participativos.

Essas "Rodas" me transportaram para um mundo muito diferente do que eu vivia até então. Havia dias em que visitava até três escolas, conversando com oitenta a cem crianças em cada uma. Não foram poucas as visitas às unidades da rede particular, nas quais, em geral, todas as trinta ou quarenta crianças das classes visitadas tinham comprado o livro, feito trabalhos sobre ele e refletido a respeito das perguntas que iriam me fazer, previamente discutidas com as professoras. Já nos colégios públicos localizados na periferia dos grandes centros urbanos, cercados por grades, os educadores geralmente me alertavam, em nossa conversa prévia, que parte dos alunos possuía família desestruturada, muitas delas cujos pais estavam no sistema carcerário, privados de liberdade. Em uma dessas escolas, depois de assistirem ao documentário, ao falarmos sobre minha expulsão da Marinha, um aluno com idade por volta dos doze anos me perguntou: "Você era assaltante no navio? Que crime cometeu?"

Em outra ocasião, pouco antes de iniciar uma roda de conversa numa turma da Educação de Jovens e Adultos, em uma cidade cujo nome prefiro não revelar, a diretora da instituição me contou que, entre os cerca de trinta alunos daquela classe, havia dois matadores de aluguel. Esse é um contexto que nos dá a dimensão da variedade de situações difíceis enfrentadas por educadores de todo o Brasil. Muitas vezes, a ausência da presença do Estado em comunidades carentes, desprovidas de equipamentos de saúde, cultura e lazer, acarreta verdadeiros cenários de guerra, marcados por extrema violência. E é em meio a realidades como essas que tentamos promover educação, amor ao conhecimento e aos livros. Para muitos, uma utopia. Para nós, a única esperança de mudança.

Em meio a essa pandemia, socialmente isolado e com tempo de sobra para refletir, me vem uma enorme vontade de – quando tudo isso acabar e as escolas voltarem a funcionar novamente com a presença de todos os seus alunos – retomar as apresentações com o projeto *Rodas de Conversa*. Seria um alento para esse velho coração que ainda teima em acreditar na possibilidade de um futuro digno, tanto para nós quanto para as novas gerações.

A seguir, depoimento da professora que recebeu o primeiro evento do *Rodas de Conversa*, fora de São Paulo, realizado em Ipanguaçu-RN.

Aloma Daiany Saraiva Varela de Farias

Mestra em Estudos da Linguagem (UFRN), especialista em Educação (IFRN) e graduada em Letras (UERN).

Professora na Secretaria de Educação de Ipanguaçu/RN e na Secretaria Estadual de Educação e Cultura do Rio Grande do Norte.

José Xavier Cortez visita Ipanguaçu para lançar o projeto *Rodas de conversa*

Esse sonho começou em 2010 quando, por puro acaso, descobri na internet o documentário *O semeador de livros*, dirigido por Wagner Bezerra. Ao ler o resumo e assistir a um trecho, desejei que todos os meus alunos também pudessem ter acesso ao vídeo, que narrava a história mais inspiradora que já havia visto. Imediatamente, escrevi uma mensagem emocionada ao diretor Wagner Bezerra. Naquele momento, por não conseguir fazer o *download* do documentário, pedi uma cópia do vídeo, caso pudesse ser doado. Caso não fosse possível, perguntei como poderia adquiri-lo, pois aquela história deveria ser conhecida por todas as pessoas que precisam de inspiração na vida.

Aguardei ansiosa por um retorno na expectativa de assistir ao material com os alunos e ainda divulgar para a cidade a história do seridoense José Xavier Cortez, que superou incontáveis adversidades para sobreviver e estudar. Via naquela saga um enorme potencial para motivar meus alunos, haja vista que a maioria deles vinha da zona rural (assim como Cortez) e encontravam-se desmotivados sobre o próprio crescimento pessoal e intelectual.

Na minha cabeça, pairava uma ideia fixa: se os alunos que não enfrentavam nem metade das dificuldades vividas por Cortez assistissem àquela história, iriam ganhar energia para continuar lendo, estudando e crescendo, porque vão sempre lembrar que Cortez venceu enfrentando sofrimentos diversos. Logo, meus alunos pensariam: "Ora, se deu certo para Cortez, também eu posso estudar, me formar e conquistar meu lugar ao sol."

Passados alguns dias, a esperada resposta chegou. Wagner Bezerra havia enviado minha mensagem para o próprio Cortez e, em um final de tarde, após o expediente, assim que cheguei da escola, vi no celular uma chamada de São Paulo, que atendi pensando ser *telemarketing*. Estava enganada. Era a pessoa que eu mais admirava: o próprio semeador de livros querendo saber quem era essa professora que desejava ter o documentário. Foi emocionante! Falar com meu ídolo e saber que ele me enviaria tanto o documentário quanto os livros que narravam a sua história era um sonho.

Quando o DVD e os livros chegaram, agradeci muito e tratei de levá-los à escola para apresentar aos alunos. Todos ficaram comovidos com a história de Cortez. Na época, eu lecionava Língua Portuguesa, Artes, Sociologia e Filosofia para turmas de Ensino Médio da Escola Estadual Manoel de Melo Montenegro.

Com o documentário, organizei seminários e discussões importantes sobre o acesso à educação e motivação para os estudos. Não satisfeita com a repercussão na escola e nas comunidades onde viviam os alunos, mostrei o vídeo para os demais professores e para a equipe da Secretaria Municipal de Educação de Ipanguaçu. O resultado é que todos fizeram cópias e apresentaram o documentário nas demais instituições de ensino da cidade. Aos poucos, uma rede voluntária de divulgação foi crescendo.

A partir desse primeiro contato, em outubro de 2010, eu e Cortez estabelecemos uma parceria nas reflexões sobre a importância da leitura, da educação e da formação. Também passamos a conversar sobre como ele, Cortez, poderia visitar estabelecimentos educacionais levando sua história para motivar um número cada vez maior de pessoas país afora.

Em uma dessas conversas ao telefone, convidei-o para visitar Ipanguaçu. O editor não só aceitou como manifestou o desejo de lançar o projeto *Rodas de conversa* em nossa cidade. Foi uma alegria! De pronto, lhe informei que todos em Ipanguaçu desejavam conhecê-lo, pois sua história já motivava muitas crianças e jovens da região. Então, em dezembro, Cortez confirmou que lançaria o projeto em nossa cidade em março de 2011. Ainda em dezembro de 2010, a Secretaria Municipal de Educação de Ipanguaçu anunciou a vinda do semeador de livros. Os participantes saíram felizes e contando os dias para esse encontro.

A cidade de Ipanguaçu fica situada no Rio Grande do Norte, distante 217 quilômetros da capital Natal, e faz parte da Mesorregião Oeste Potiguar, conhecida como Vale do Açu. Em 2011, tinha 13,9 mil habitantes, enfrentava enchentes constantes e sua economia era baseada na agricultura familiar, produção e exportação de frutas por parte de empresas da região.

Na manhã de 18 de março de 2011, Cortez e sua família foram recebidos com faixas na entrada da cidade. Às 14h, a secretária municipal de Educação da época, Jeane Dantas, juntamente com os funcionários da Instituição, nos quais eu me incluía, o aguardávamos com ansiedade. Após a chegada dos convidados, foi oferecido um almoço à beira da Lagoa da Ponta Grande, na comunidade do Porto. Todos ficaram encantados com a simplicidade e a alegria da família Cortez. A emoção era geral.

Na sequência, nos dirigimos ao Clube Municipal de Ipanguaçu, onde aconteceria o evento que contaria com a presença da comunidade. Lá, já havia uma enorme quantidade de pessoas aguardando nossa chegada, entre os quais professores, alunos, jornalistas, poetas, artistas, o prefeito e vereadores da cidade e dos municípios vizinhos.

Os quinze estabelecimentos educacionais de Ipanguaçu foram mobilizados e contamos com participação de estudantes do Ensino Fundamental, Médio, Técnico e Universitário. Estima-se que seiscentas pessoas marcaram presença no primeiro encontro com o semeador de livros.

Nesse dia, foram tantos os eventos e manifestações para bem acolher e homenagear Cortez que se tornou inviável lançar o projeto *Rodas de conversa* –

144 *Tempos de Isolamento*

a leitura, o livro e o editor naquele mesmo dia. A presença do criador da Cortez Editora simbolizava um momento histórico para a cidade. Foi uma tarde inesquecível. Ao lado do educador André Magri, conduzi o cerimonial que organizou as homenagens feitas pelas escolas municipais, juntamente da escola estadual Manoel de Melo Montenegro, ao ilustre potiguar, José Xavier Cortez.

Por não ter acontecido a programação organizada por Cortez no primeiro encontro, cujo intuito era divulgar o projeto Rodas de conversa, o próprio Cortez decidiu retornar meses depois, dessa vez em 21 de junho, para se encontrar novamente com os ipanguaçuenses, agradecer pelo carinho e concluir o trabalho apresentando o projeto, bem como lançando o vídeo animado da biografia infantil intitulada *Como um rio – O percurso do menino Cortez*, baseada no livro homônimo de Silmara Rascalha Casadei e ilustrações de Lisie De Lucca, lançado pela Cortez Editora em 2010.

Nessa ocasião, ocorreram dois momentos distintos: o primeiro, pela manhã, no Teatro Municipal, voltado aos alunos e professores do Ensino Fundamental dos anos iniciais; o segundo, à tarde, na Câmara Municipal, para alunos dos anos finais do Ensino Fundamental, Ensino Médio e da EJA.

Dessa vez, a programação de homenagens a Cortez se restringiu às solenidades de abertura e encerramento do evento, até mesmo para possibilitar tempo suficiente para apresentação do projeto. Mais uma vez, permaneci junto ao professor André Magri na condução do evento.

Ambos tivemos apoio total dos gestores municipais. Conforme a programação do projeto, foram expostos os vídeos que narravam a história de Cortez e, em seguida, foi aberta a sessão de perguntas para o editor – momento de grande descontração e divertimento graças à simpatia, senso de humor e carisma do nosso homenageado. Ao final, os alunos, que haviam recebido marcadores de páginas de livros da Cortez Editora, vieram pedir que o editor os autografasse.

Não se sabe se alguém ainda guarda essa relíquia autografada, mas é notório que esse momento, a inspiração e a motivação disseminadas pelo editor marcarão a história dos que assistiram ao documentário e o conheceram pessoalmente. Tais memórias afetivas, acredito, permanecerão conosco para sempre.

Nove anos se passaram, e muitos desses alunos que estiveram com o editor em Ipanguaçu ingressaram em universidades, se formaram, se profissionalizaram e, certamente, agradecem muito a Deus por terem conhecido uma pessoa de tanta luz e força como José Xavier Cortez. Estou convicta de que suas reflexões e ensinamentos jamais serão esquecidos.

Por acreditar nisso, até hoje sigo apresentando aos meus alunos a história do menino que saiu do sertão para hoje ser reconhecido como um editor seriamente comprometido com a educação, porque, assim como ele, creio que "livro é para chegar às mãos do povo, como um rio". Também transmito, com carinho, outra lição aprendida com o editor: "A leitura me levou a ser o que eu sou hoje". Em outras palavras: a leitura é capaz de nos levar por caminhos inimagináveis, contribuindo para nossa formação pessoal e profissional.

Por termos ideais de vida semelhantes, seguimos amigos e, juntos, torcemos por melhorias na educação do Brasil, ansiando por projetos que promovam leitura nos quatro cantos desse país continental.

Rodas de conversa

Seguirei grata ao amigo-ídolo Cortez, pela disponibilidade de expor sua história, encantando e motivando pessoas por onde passa. O convite para que ele volte ao nosso município é sempre renovado. Até porque os dias 18 de março e 21 de junho de 2011 estão marcados como dois dos momentos mais importantes dessa cidade, cujo nome indígena significa Ilha Grande. E nesse espaço geográfico que nos é tão caro, sempre haverá lugar para recebermos nosso querido José Xavier Cortez.

Os netos
e os livros

Como fazer analogia entre livros e netos? É possível? Bem, podemos pelo menos tentar. A começar pela certeza de que, para mim, são dois acontecimentos extraordinários que despertam amor e exigem, ambos, doses imensas de dedicação e, por vezes, sacrifícios. Eu me entrego a eles de maneiras diversas e deposito, em ambos, a esperança de tempos melhores.

Como editor, passei boa parte da vida trabalhando com livros e sempre tive dificuldade, angústia mesmo, em devolver originais que, sei, dispendem tanto trabalho e criatividade em sua produção. Trabalhos árduos de autores que se empenharam durante anos: lendo, conversando, entrevistando, pesquisando. Para muitos, esses textos simbolizam o resumo de toda uma história vivida, testada, sentida.

Por outro lado, uma vez que o original é aprovado, temos a oportunidade de presenciar a transformação daquela espécie de embrião editorial em um livro de fato: com páginas, capa, contracapa, lombada. Não sem antes, é claro, ter de passar pelas etapas de edição, que incluem contrato, preparação, revisões, diagramação, arte da capa, impressão, divulgação, distribuição/venda, até a chegada ao leitor. É nessa fase final que o livro, como as crianças que se transformam em adultos, ganham asas para voar e traçar seu próprio caminho na vida.

Muitos não gostam da ideia de encarar o livro como um produto, mas, sem nenhum demérito, é isso que ele é – entre tantas outras coisas. Um produto diferenciado e especialíssimo, é verdade. Resultado de esforço humano, tanto de seus autores quanto de quem os edita, imprime e, por fim, os comercializa. Como atividade industrial e comercial, seu processo de produção demanda horas de trabalho, manuseio humano e de máquinas, e está sujeito a medidas ou critérios de valores. É um bem econômico, precisou de investimentos financeiros para ficar pronto e, como tal, ao final do processo de produção, deve ter um preço.

Naturalmente, todo editor busca o ressarcimento dos custos de produção e estabelece o valor de venda de modo que possa obter o retorno do capital investido, incluindo os direitos autorais que serão repassados aos autores. Sempre tive dificuldade em fixar os preços dos títulos de nossa Editora, tanto que a partir de um determinado momento, deleguei essa tarefa para outras pessoas. Aliás, no texto "O que é oportunismo e oportunidade para nós?", abordo essa questão do preço do livro, constatando ser esse um dos poucos produtos que não tem elevação de seu valor, mesmo que a procura seja maior que a oferta. É notório nos meios educacionais e culturais que, ao adquirir um livro, você está investindo num bem que pode lhe trazer bons resultados, progresso, conhecimento e que, além disso, pode acompanhá-lo por toda a vida.

Com relação aos netos, a primeira imagem que me vem à mente quando penso em Julio Cesar e João Vitor, com seis e cinco anos, respectivamente, se refere ao momento do nascimento deles, o que constitui algumas das melhores lembranças da minha vida. Nossa relação é de muita vivência e proximidade.

Os netos e os livros 153

Nesse período de isolamento provocado pela pandemia da Covid-19, o impacto nas relações humanas, em geral, é gigantesco. No caso dos meus netos, considerando sua pouca idade, imagino que devem se perguntar por que, de uma hora para outra – e lá se vão cinco meses –, ficaram impedidos de visitar o avô. A mudança foi brusca, pois praticamente todos os fins de semana pernoitavam aos sábados no meu apartamento e, no domingo, tomávamos café, vez por outra numa das padarias do bairro. Em seguida, íamos passear no Parque da Água Branca. Eles se esbaldavam nos brinquedos, monitorados por seus pais, enquanto eu lia, sossegado, meu jornal dominical. Almoçávamos e, no final da tarde, voltavam para suas casas.

Julio Cesar é o neto que mora mais distante e, nesses tempos de coronavírus, pude vê-lo uma ou duas vezes, muito rapidamente, sempre mantendo a distância. João mora mais próximo e consegui estar com ele cerca de cinco vezes. No geral, o jeito tem sido matar as saudades em chamadas de vídeo do WhatsApp. Como moro sozinho, consigo manter em casa dois cestos de tecidos de tamanhos generosos onde estão guardados os livros e brinquedos de ambos. Porém, acredito que, assim que puderem retomar as visitas, muitos desses brinquedos estarão desatualizados e serão doados. É incrível como o tempo corre acelerado e como, na faixa etária em que eles estão, poucos meses fazem enorme diferença em seu processo de desenvolvimento.

Como todas as crianças que vivem seu mundo de imaginação e fantasia, meus netos gostam muito de histórias, de livros, de desenhar. Se prestarmos atenção, veremos que, a todo momento, aprendem coisas novas. Como avô, tenho acompanhado o desenvolvimento cognitivo dos dois. É maravilhoso ver seu crescimento, a rapidez de raciocínio quando brincam, argumentam, discutem. Sua coordenação motora, o senso de humor, fruto de inteligência aguçada.

Naturalmente, como livreiro e editor, sabedor da importância fundamental da leitura, tenho presenteado a ambos com livros desde a fase em que eram bebês. Livros que, por vezes, usam como brinquedos. E não há mal nenhum nisso. Ao contrário. Quanto mais livros ao seu redor, mais compreenderão, de maneira precoce, que eles são parte essencial de suas vidas. Tenho certeza de que, quando

Os netos e os livros   155

adultos, em suas memórias afetivas mais antigas, os livros estarão presentes.

Meu desejo é demonstrar o quão saudável, realizável e próspero pode ser, para eles, darem continuidade a uma Editora existente há quarenta anos. Uma empresa conceituada, com um catálogo que abrange tanto textos acadêmicos nas Ciências Humanas, quanto obras de literatura infantil e juvenil, com variados títulos de reconhecidos autores nacionais e internacionais.

As possibilidades são infinitas. Se esse interesse for despertado, tenho a alegria de constatar que terão ao alcance das mãos uma estrutura muito favorável para que esse mundo de encantamento, simbolizado pela cultura, o ensino, a aprendizagem, a leitura e a escrita, faça parte de suas vidas.

O caminho está aberto, espero que Julio e João se tornem tão motivados e íntegros quanto busquei e busco ser ao longo da minha história. O futuro é alvissareiro, mas exige profissionalismo, dedicação, conhecimento, sabedoria. Fico na expectativa de que meus netos deem continuidade a esse tesouro que comecei a construir aos 33 anos ao lado de sua avó, Potira (*in memoriam*).

O tempo é o senhor de tudo e, um dia, quando os meninos reconhecerem meu nome numa escola e biblioteca pública[21], ou souberem que me tornei cidadão de algumas cidades, tais como Natal, por indicação do à época vereador George Câmara, em solenidade do dia 16 de março de 2011, e também de São Paulo, conforme já mencionamos neste livro, cidade onde Julio e João nasceram, poderão entender tudo o que a leitura me proporcionou e, desse modo, sei que todos nós, como família, teremos orgulho dessa caminhada.

Livros são essenciais para registrar histórias. Transmitem conhecimento, educam, divertem. São suportes impressos ou digitais que nos levam a viajar e refletir. Os netos, mesmo antes de nascerem, também já ensinam, nos transformam, nos impulsionam, nos contagiam com a vontade de viver mais e melhor. Ocupam um lugar único e especial em nosso coração e mente. Frutos de uma nova geração, nos surpreendem com suas criatividades e

---

21 - Além de ser nome de uma escola estadual localizada em São Paulo, José Xavier Cortez também foi homenageado na Escola Municipal Profa. Íris de Almeida Matos, localizada em Parnamirim, Rio Grande do Norte, cuja biblioteca recebeu o nome do editor. E no município de Quixaba (PE), a biblioteca da cidade chama-se agora Biblioteca Municipal José Xavier Cortez.

Os netos e os livros 157

saberes – muitos deles relacionados à tecnologia. Assim como os livros, Julio e João são fontes de aprendizado contínuo, capazes de deixar marcas que nunca poderão ser apagadas. Fico imensamente feliz por constatar que livros e netos são o melhor legado que eu poderia deixar ao mundo. Que sorte a minha!

Sobre acauãs e asas-brancas

Em 24 de junho de 2020, dia de São João, minha amiga Ruth Previati me enviou por WhatsApp um videoclipe contendo a música *Asa-Branca*, gravada pelo Quinteto Violado & Convidados. A gravação ficou uma beleza e contou com a participação de muitos artistas do Nordeste, dentre eles: Chico César, Elba Ramalho, Geraldo Azevedo, Lenine e Zeca Baleiro.

Ao ouvir a canção, me veio à mente uma lembrança que remete à minha infância, quando, com idade por volta dos meus onze ou doze anos, limpava mato ou apanhava algodão no roçado localizado a uns duzentos metros de uma pequena serra composta por pedras grandes, existente em nosso sítio Santa Rita, em Currais Novos.

Naquela época chamávamos aquela serrinha de "serrote". Era pequena, mas tinha tamanho mais do que suficiente para abrigar dois pássaros da espécie acauã. Nunca tentamos nos aproximar deles, muito menos subir ao cume da serra, que, diziam, ser muito perigosa em virtude das cobras cujas espinhas dorsais, após sua morte, ficavam por lá – vale lembrar que a crença popular dizia que o veneno desses ofídios permanecia nesses restos mortais e, se pisássemos neles, poderíamos ter os membros inferiores paralisados.

Pela manhã, sempre no mesmo horário, ouvíamos um canto, "um aviso" e, quando olhávamos para o céu límpido, lá vinha no seu voo característico uma das acauãs, costumeiramente trazendo pendurada em uma das garras, balançando conforme a corrente de vento, sua presa: uma serpente, iguaria que, junto com os morcegos, são os alimentos preferidos desses pássaros. As cobras pareciam medir uns vinte ou trinta centímetros e, como trabalhávamos muito próximos de onde viviam as acauãs, sempre que voavam baixo, quase pousando, chegávamos, muitas vezes, a divisar a cor das serpentes.

Nas muitas viagens para visitar os familiares que permaneceram no Rio Grande do Norte – ainda hoje tenho oito irmãos na região –, deixei passar, despercebido, apesar da serra sempre à vista, as lembranças das acauãs. Pois hoje elas afloraram com força, graças à versão de *Asa-Branca* que recebi de minha amiga. Acauãs remetem ao lugar onde nasci e cresci e vieram à minha memória como conexões capazes de me transportar novamente aos primeiros anos de minha vida.

Trata-se de mais uma recordação deste período de isolamento determinado pela Covid-19. Nesses tempos difíceis, é preciso comemorar as pequenas alegrias do dia. E, nesse sentido, foi um alento ter recebido essa versão da música considerada por muitos uma espécie de hino do Nordeste, composição de Luiz Gonzaga e Humberto Teixeira, gravada em 3 de março de 1947. De acordo com o jornalista Assis Ângelo, essa música tão representativa de nosso país já ultrapassou a marca de quinhentas gravações mundo afora, em idiomas tão diversos quanto o inglês e coreano[22]. Impressiona o fato de uma canção tipicamente brasileira comover meio mundo. Mas acredito que pelo menos parte desse sucesso tem a ver com aquela máxima de Leon Tolstói: "Se queres ser universal, cante sua aldeia".

---

22 - Assis Ângelo. *Asa-Branca*, 70 anos. Disponível em http://assisangelo. blogspot.com/2017/03/asa-branca-70-anos.html. Acesso em: 13 ago. 2020.

Verdade é que para muitos de nós, nordestinos, essa canção segue sendo um símbolo importante de nossas raízes. Tanto letra quanto melodia ainda nos emocionam, trazem memórias, reavivam saudades. É como se seus acordes tivessem o poder de enveredar por nosso DNA, nos significando e ressignificando de modo ininterrupto. Parece ter sido criada e executada para falar das belezas, encantos, amores e agruras do Nordeste, pois, ao mesmo tempo em que discorre sobre temas como natureza, seca, fome, retirantes e solidão, também reverbera sentimentos de esperança, alegria e amor por nossa terra natal. Em suas linhas e entrelinhas, vemos a possibilidade do reencontro, do retorno, do afago, da afetividade, da magia das festas de São João, das comidas típicas.

Que bom ter recuperado, nessa quarentena, a memória das acauãs que, nessa mescla de lembranças, têm função semelhante às das asas-brancas: pássaros capazes de nos levar, em suas plumas, aos cenários sempre acalentados por nossos corações.

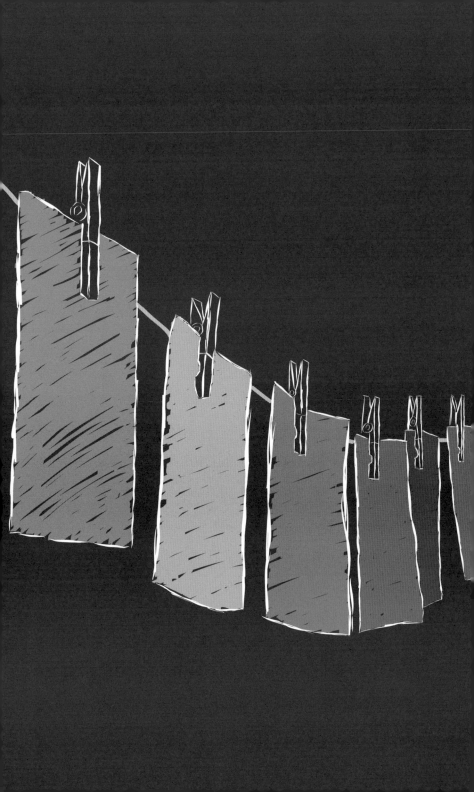

Cordel da Cortez

Somos orgulhosos de termos promovido o *Cordel da Cortez* em nossa livraria por catorze anos, de 2002 a 2016. Idealizados pelo professor Gilmar de Carvalho (Universidade Federal do Ceará) e organizados por Ednilson Xavier, que, à época, era um dos nossos diretores, esses encontros reuniam poetas, músicos, pesquisadores, xilogravuristas e apreciadores do gênero. O evento acontecia anualmente, com duração de uma semana. O objetivo era divulgar o cordel, que aportou em terras brasileiras trazido pelos colonizadores portugueses por volta do século XVIII, tendo se popularizado principalmente nos Estados do Nordeste.

Sabemos que a diversidade cultural, com suas linguagens, tradições, música, dança, poesia, costumes, culinária etc., compõe a identidade de uma região, de um povo, de um país. Nesse contexto, acredito que o cordel contribui para formar nossa identidade, história e memória, porque, por meio de seus textos, lança luzes sobre questões sociais, políticas, culturais e religiosas, seja trazendo temas históricos, seja abordando situações da atualidade. Dessa forma, como é praxe na boa literatura, nos auxilia a compreender melhor de onde viemos, onde estamos e para onde vamos. Assim, o cordel é fonte fundamental de conhecimento e, nesse sentido, vai ao encontro do que defende a Cortez Editora.

Acreditamos que esse gênero literário, criado, propagado e apreciado pelo povo, merece muito mais reconhecimento e divulgação, seja nas escolas, na academia, na mídia, nas bienais do livro, nas feiras, nos festivais e demais eventos literários. A riqueza de sua proposta e a imensa criatividade de seus autores deveriam, a nosso ver, obter mais atenção das políticas públicas de educação e cultura; o cordel mereceria ser mais valorizado como expressão popular rica e diversificada.

Divulgá-lo em São Paulo, cidade que abriga milhões de nordestinos e seus descendentes, foi, por isso mesmo, uma ação mais do que oportuna. *O Cordel da Cortez* despertou interesse entre alunos e professores de escolas públicas e privadas dos ensinos Fundamental e Médio, bem como estudantes

168 Tempos de Isolamento

universitários ligados às áreas de Comunicação, Jornalismo, Letras, História, Artes entre outras.

Os encontros promoviam saraus lítero-musicais, com declamações de poemas; apresentações de cantores e outros artistas populares; palestras com pesquisadores, contações de histórias, lançamentos de livros; oficinas de xilogravura; bate-papo com cantadores; teatro de mamulengos e exposições – tudo acompanhado por degustação de quitutes nordestinos.

Além dos artistas que moram na capital paulista e cidades vizinhas, chegamos a trazer convidados de Estados do Nordeste. Tivemos a alegria de contar com o extremo profissionalismo desses inúmeros artistas e estudiosos, que, na maioria dos casos, trabalhavam sem nenhuma ajuda financeira, como voluntários. O objetivo era mostrar sua nordestinidade, evidenciar a importância do cordel para o incentivo e a formação de leitores e, assim, colaborar para o sucesso do evento. Confesso que, para nós, a ausência de recursos era constrangedora, mas os convidados compreendiam que oferecíamos tudo o que podíamos: divulgação, infraestrutura e, claro, nosso entusiasmo e alegria de recebê-los e propagar o amor pela poesia.

Cordel da Cortez

Muitos foram os colaboradores em tantos anos de *Cordel da Cortez* e, embora seja impossível minha memória trazer à tona, de uma só vez, os nomes de todos os participantes – e por isso já me desculpo –, considero importante registrar o máximo possível de profissionais que estiveram ao nosso lado nessa jornada notável, que, esperamos, volte a acontecer um dia. São eles: Adelson Aprígio Filgueira, Aderaldo Luciano, Aldy Carvalho, Alexandre Acquiste, Andorinha, Antônia Andrea Sousa (coordenadora de projetos especiais da Biblioteca Belmonte SP), Antônio Amaury Correa de Araújo, Arievaldo Viana (*in memoriam*), Assis Ângelo, Audálio Dantas (*in memoriam*), Bá (violinista), Cacá Lopes, César Obeid, Cia. Rodamoinho (Teatro para todas as idades), Costa Senna, Daniel Péricles Arruda (Vulgo Elemento), Eufra Modesto, Francorli, Fernanda Ortega, Franklin Maxado, Gilmar de Carvalho, Goimar Dantas, Ibys Maceioh, Mestre Jerônimo Soares, João Gomes de Sá, José Lourenço, Klévisson Viana, Luciano Tasso, Luiz de Assis Monteiro, Luiz Carlos Bahia, Luiz Wilson, Maíra Soares, Maju, Marco Haurélio, Maria Alice Amorim, Maria Augusta Medeiros, Maria Aurélia, Maria Maria Gomes, Marilú Garcia, Moreira de Acopiara, Nando Poeta, Nireuda

Longobardi, Pedro Monteiro, Perena e Sonhador, Sebastião Marinho, Severino José, Socorro Lira, Valdeck de Garanhuns e Varneci Nascimento.

Falar sobre algo criado por nós pode soar suspeito, mas estou convicto de que conseguimos um lugar na memória afetiva de muitos desses artistas que, durante anos, nos ajudaram nessa empreitada de levar o amor pelo cordel ao público paulistano. E nada melhor para encerrar este texto do que dois cordéis escritos sobre nosso evento. O primeiro deles, publicado no folheto intitulado *O semeador de livros* (Edição de autor, 2019), de autoria de Cacá Lopes e capa com xilogravura de Nireuda Longobardi – cuja arte também está reproduzida a seguir. A segunda homenagem que recebi nessa mesma seara do cordel está no folheto *VIII Cordel da Cortez*, publicado em agosto de 2012, de autoria do poeta Moreira de Acopiara, com xilogravura de Erivaldo na capa.

A importância do evento mereceu destaque na tese *Migrations nordestines et réinvention de la littérature de cordel au Brésil*[23], de autoria da pesquisadora francesa Solenne Derigond, doutora em Literatura e Cultura Brasileira e História Social pela Université

---

23 - Migrações nordestinas e reinvenção da literatura de cordel no Brasil.

Rennes 2 e Universidade de São Paulo. Solenne me entrevistou justamente sobre o evento *Cordel da Cortez*. Vejam minha resposta, seguida da tradução:

1. Pourquoi avons-nous eu l'idée d'introduire le *cordel chez* Cortez? La première chose est que je suis Nordestin. Il n'y a pas beaucoup de Nordestins qui sont libraires dans le Sud, *Sudeste*. Je suis Nordestin, entreprise familiale. Ednilson qui a été notre directeur jusqu'à la fin de l'année dernière...Et donc, nous venons de la même région, *Nordeste*, Rio Grande do Norte, n'est-ce pas ? Comme dans les autres états du *Nordeste*, il y a la littérature de *cordel*, il y a son expression populaire. Quand j'étais enfant, il y a soixante, soixante-dix ans, je l'ai écoutée dans les marchés, d'accord ? Ednilson, qui est mon neveu, qui a désormais cinquante ans, aussi. Donc, disons ainsi, cette...création de «*Cordel* na Cortez» vient de nous, Nordestins voulant apporter ici, dans le Sud ou dans le *Sudeste*, cette littérature que nous trouvons ou trouvions importante[24].

---

24 - Solenne Derigond. *Migrations nordestines et réinvention de la littérature de cordel au Brésil*. Littératures. Université Rennes 2; Universidade de São Paulo (Brésil), 2019, pág. 77. Français. NNT: 2019REN20032. tel-02468083. Disponível em: https://tel.archives-ouvertes.fr/tel-02468083/document. Acesso em: 11 ago. 2020.

Por que tivemos a ideia de introduzir o cordel aqui na Cortez? A primeira coisa é que sou nordestino. Não há muitos livreiros nordestinos no Sul, Sudeste. Eu sou nordestino, com uma empresa familiar. Ednilson foi nosso gerente até o final do ano passado... Viemos da mesma região, Nordeste, Rio Grande do Norte, não é? Como nos demais Estados do Nordeste, existe a literatura de cordel, existe a sua expressão popular. Quando eu era criança há sessenta, setenta anos, eu a ouvia nos mercados, certo? Ednilson, que é meu sobrinho, agora com cinquenta anos, também. Então, digamos assim, essa... criação do "Cordel na Cortez" vem de nós, nordestinos querendo trazer para cá, para o Sul ou para o Sudeste, essa literatura que achamos ou achávamos importante[25].

Sou um entusiasta da Literatura de Cordel e, sempre que possível, prestigio os eventos ligados ao tema. Foi assim na 24ª Bienal Internacional do Livro de São Paulo, em 2016, quando estive presente no evento *Cordel e Repente*, capitaneado pela querida Lucinda Azevedo, empresária cearense do ramo editorial, à frente da Editora Imeph, e empreendedora

---

25 - Em tradução livre de Goimar Dantas.

Cordel da Cortez 173

apaixonada pela cultura popular. Lucinda é muito ativa no que se refere ao incentivo e à divulgação do livro e da leitura. Participa de bienais e feiras por todo o Brasil e exterior e, de 2014 a 2017, foi presidente da Câmara Cearense do Livro (CCL). Já no biênio 2017/2018, por indicação da Câmara Brasileira do Livro (CBL), foi Conselheira da área de humanidades do Conselho Nacional de Incentivo à Cultura (CNIC), do Ministério da Cultura. Mais uma vez está como presidente da CCL[26].

Nosso encontro na Bienal ocorreu em um dia memorável, no qual tive a oportunidade de estar com outros expoentes importantíssimos da Literatura de Cordel, dentre eles o jornalista e poeta Crispiniano Neto, diretor-geral da Fundação José Augusto (FJA), órgão com *status* da Secretaria Estadual de Cultura do Rio Grande do Norte. Neto é integrante da Academia Brasileira de Literatura de Cordel, ocupando a cadeira de número 26, que tem como patrono, Luís da Câmara Cascudo; da Academia Norte-rio-grandense de Literatura de Cordel; e da Academia Mossoroense de Letras; também é

---

26 - Revista Ceará e Municípios, ano XX, número 155, agosto de 2020, pág. 25.

membro do Instituto Histórico e Geográfico do Rio Grande do Norte[27].

O *Cordel e Repente*, que também ocorreu na edição de 2018, contou com uma estrutura bastante original, para dizer o mínimo, possuindo como palco a caçamba de um caminhão. O veículo ocupava um espaço generoso no pavilhão de exposições da bienal, sendo o segundo local mais visitado do evento, cujo público estimado foi de setecentas mil pessoas. Ao todo, mais de cem artistas de todas as regiões do Brasil participaram das atividades, em extensa programação ao longo de dez dias de bienal.

Na sequência, deixo vocês com a reprodução da xilogravura de autoria de Nireuda Longobardi, para o folheto *O semeador de livros*, de Cacá Lopes, bem como um trecho do poema desse cordelista.

27- Disponível em: https://papocultura.com.br/crispiniano-neto-entrevista/. Acesso em: 1 ago. 2020.

Xilogravura de Nireuda Longobardi

Na "labutagem" da vida
Já fez gráfica, montou prelo
E com toda cortesia
Botou muitos no chinelo,
Preocupado com o saber,
Fez as letras florescer
No Brasil verde e amarelo.

A saga de um sonhador
É um livro com sua história,
O semeador de livros
Conta a sua trajetória,
Um filme documentário,
Enredo extraordinário,
Retrata cada vitória

O Cortez que singrou mares
É rico em habilidade,
Sua história a cada dia
Ganha mais notoriedade,
Esse eterno marinheiro
Se entrega por inteiro
Aos livros e à amizade.

Para Seu Cortez é um ato
De inspiração maior.
Toda pessoa que ler
Torna-se muito melhor.

Cordel da Cortez

Afirma com emoção:
"Quem promove educação
Planta paz ao seu ao redor".

Na sequência, outra linda homenagem com a qual fui presenteado. O mote é de autoria do pesquisador de cultura popular Marco Haurélio e diz assim:

O Cordel da Cortez é tradição
Que enobrece a cultura popular

Já as glosas são criação de Moreira de Acopiara. Vejam que beleza resultou a união desses dois:

O Cordel da Cortez é um evento
Que divulga o cordel de sul a norte.
Cada ano que passa está mais forte,
Cada vez nos dá mais contentamento,
Pois reúne uns artistas de talento
Que carregam o desejo de ensinar,
Escrever, entalhar, cantar, tocar...
Recitar o que vem do coração.
O Cordel da Cortez é tradição
Que enobrece a cultura popular.

O Cordel da Cortez traz os valores
Dessa arte que vem de muitos anos.

Tempos de Isolamento

Ele é feito pra gregos e troianos!
Melhor: para matutos e doutores.
Outra vez virão improvisadores,
Grandes mestres na arte de cantar
Fauna, flora, sol, lua, terra e mar
E a cultura melhor do nosso chão.
O Cordel da Cortez é tradição
Que enobrece a cultura popular.

Em São Paulo empunhando essa bandeira
Do cordel temos João Gomes de Sá,
Varneci, Costa Senna, mais Cacá,
Josué, Marco Haurélio, Aldy, Moreira,
Pedro, Cleuza... E a grande pioneira
Cortez, que resolveu nos divulgar,
Colocando o cordel pra circular,
Com cuidado, carinho e atenção.
O Cordel da Cortez é tradição
Que enobrece a cultura popular.

O cordel em São Paulo hoje tem vez,
Cordelista de agora é conhecido.
Nas escolas é tema discutido
Por contar com o apoio da Cortez.
Pelo muito que faz, fará e fez
Tudo tem para não se amofinar.
Professor dedicado a ensinar

Cordel da Cortez 179

Sempre tem um cordel em sua mão.
O Cordel da Cortez é tradição
Que enobrece a cultura popular.

Encontramos nas páginas do cordel
A memória do homem inteligente.
Todo sonho criado em sua mente
Ganha forma e beleza no papel.
De poetas nós temos bom plantel,
E se a gente quiser se dedicar,
Eles vão, com certeza, nos mostrar
As grandezas contidas na lição.
O Cordel da Cortez é tradição
Que enobrece a cultura popular.

O cordel é veículo de homenagens,
É retrato de fatos engraçados,
Conta histórias de reinos encantados,
Sertanejos e ricos personagens.
A beleza contida nas folhagens
Ele é muito capaz de revelar.
Noutro canto não dá para pintar
Outro quadro com tanta perfeição.
O Cordel da Cortez é tradição
Que enobrece a cultura popular.

Bienal da Família

Sentimento, saudade, separação, amor, distância, afeto. Palavras cujos significados são conhecidos por grande parte das pessoas. Podem transmitir felicidade e alegria, mas também tristeza e dor. Tais palavras calam fundo em corações e mentes espalhados por todo o mundo, independentemente de raça, credo ou classe social. E quando pensamos sobre o significado desses vocábulos, sabemos que apenas um deles é capaz de unir os demais em benefício de todos.

Outro termo cujo significado é bastante conhecido é "família" e, cada vez mais, somos levados a refletir sobre o quanto esse conceito se modifica e se atualiza através dos tempos. De maneira resumida, podemos dizer que essa instituição tem entre suas funções sociais propiciar um ambiente saudável para o desenvolvimento de seus membros.

Em torno do seu eixo giram peças que contribuem para o que convencionamos chamar de civilização. Dentre essas "peças", destacamos: a criação dos filhos, a convivência, a educação, a ética, a moral, entre outros valores que precisam estar presentes para que prevaleçam a harmonia e o equilíbrio em sociedade. No que se refere aos filhos, a aquisição de valores se dá, muitas vezes, pelo que observam, assimilam e intuem dos comportamentos dos seus pais ou responsáveis.

No momento em que escrevo essas reflexões e memórias, percebo o quanto a família exerce um papel imensurável em minha trajetória. É um tema que permeia tudo o que penso, falo, produzo. E quanto mais me volto para o meu passado, mais compreendo sua relevância. Assim, é justo finalizar esses escritos rememorando um evento central nos últimos vinte anos e que intitulamos *Bienal da Família* – em clara referência e homenagem à Bienal do Livro. Mas antes de chegar a esse assunto, é preciso retomar um pouco minhas experiências familiares mais remotas para demonstrar a importância dessa peculiar *Bienal* criada pelos integrantes da família Xavier Cortez Gomes.

Na minha infância, percebia uma diferença no tratamento dispensado entre os filhos do sexo masculino (sete) e feminino (três). Tivemos uma boa educação. Mas cabia a meu pai lidar amiúde com os meninos, sendo muito rígido, às vezes, severo ao extremo, adotando métodos de educação típicos da época, como os castigos corporais – incompressíveis, para nós, filhos, mesmo sabendo que era uma prática corriqueira naqueles anos 30, 40 e 50 do século XX. Hoje fica claro que o respeito e a obediência que devíamos ao nosso pai derivava, na verdade, do medo que sentíamos.

Já minha mãe, que, entre suas funções, se encarregava dos cuidados com as meninas, lidava com elas de modo mais brando, ameno. Entretanto, excluindo os excessos de meu pai, ainda hoje seguimos praticando alguns dos seus valores, reproduzindo sua conduta e disseminando seus ensinamentos.

Meus pais eram de uma retidão implacável, com um senso de justiça e de integridade a toda prova. Por isso, quando acesso as notícias sobre corrupção – existente em vários níveis da sociedade, é verdade, mas abundante em alguns representantes da classe política, habitualmente exercida em esquemas de cumplicidade com alguns executivos e empresários –, logo imagino o que meu pai diria: "– Que vergonha! Com que cara uma pessoa dessas

Bienal da Família 185

vai exigir decência dos seus filhos, familiares, amigos? Certamente esses corruptos colaboram para deixar a sociedade ainda mais desigual: o rico cada vez mais rico e o pobre cada vez mais pobre".

Nesses quase setenta anos, dos dez filhos de Mizael e Alice, sou o único que deixou o Rio Grande do Norte em definitivo. Dois dos meus irmãos construíram a vida no lugar do seu nascimento, o sertão. Os demais, embora, por minha influência, tenham vivido em São Paulo muitos anos, para trabalhar, logo que se desenvolveram no ramo livreiro voltaram para Natal, exercendo essa atividade profissional por lá.

Ainda assim, como tantos nordestinos vivendo na capital paulista e tendo criado raízes aqui, constituindo seu próprio núcleo familiar, nunca abandonei minha família de origem. Creio que esse traço de caráter tenha a ver com o modo como meus pais me criaram, deixando uma marca indelével em minha formação. Hoje entendo que muito daquela rudeza existente em alguns momentos, por parte deles, se devia à falta de conhecimento, de informação, de prática para lidar com uma prole de tantos filhos.

186   *Tempos de Isolamento*

Não deve ter sido fácil educar dez crianças em meio aos momentos de aflição acarretados pela ausência de chuvas, que afetava tudo ao redor, ocasionando, inclusive, a falta de ração para alimentar os animais, incluindo a vaca que nos dava o leite. A mesma que, por vezes, padecia de fome e de sede. Fomos criados nesse ambiente de luta, superando inúmeras dificuldades. Ainda assim, nunca presenciamos nossos pais desanimados. Estavam sempre buscando saídas para que nada nos faltasse.

Eles tinham consciência de que, naquele pequeno pedaço de terra onde nos criaram, região sujeita a secas, com tendência à desertificação, não havia garantia de sobrevivência da sua prole. Por essa causa batalharam o quanto puderam, sem medir esforços para nos ajudar. E por compreender a grandeza desse feito, os filhos se mantêm fiéis ao amor e ao apego àquele chão. Dali saíram nosso sustento, educação e lembranças, que se tornaram eternas.

Depois dos filhos criados, a família se multiplicou com a presença de noras e genros, netos e netas. A partir da chegada da nova geração, observamos mudanças significativas no comportamento de Alice e Mizael. Coube aos netos quebrar a barreira de

Bienal da Família 187

sisudez dos nossos velhos, relaxando tensões que deram lugar a demonstrações de afeto e brincadeiras que, antes, inexistiam. Ficaram mais tolerantes, leves, distribuindo gracejos e bajulações às crianças.

Quando jovem, cheguei a ficar longos períodos sem ver meus pais. Em 1956, viajei do Recife ao Rio de Janeiro para servir a Marinha do Brasil e, por conta disso, só consegui voltar a vê-los seis anos depois. A partir de 1965, já morando em São Paulo, minhas visitas à família se tornaram mais constantes, em especial após meu casamento e o nascimento das nossas três filhas. Do início da década de 1970 em diante, íamos ao Rio Grande do Norte a cada dois ou três anos. Sempre mantive forte conexão com as minhas raízes, procurando, por meios variados, contribuir para a melhoria dos meus compatriotas, familiares ou não.

A Cortez Editora nasceu desse convívio, e nós, que residíamos em São Paulo, em geral visitávamos o Sítio Santa Rita no período de férias. Eram viagens financeiramente dispendiosas, devido à distância e ao número de familiares que se deslocavam. Na virada do século, em uma de nossas idas ao sítio, pensando na imensa quantidade de

188   Tempos de Isolamento

filhos, netos, noras e genros de Alice e Mizael, tivemos uma ideia grandiosa: a criação da *Bienal da Família*, que, como citado, é o tema central deste texto. O objetivo desse evento era tornar esses encontros familiares, muitas vezes dispersos devido às agendas diferentes de cada núcleo familiar, algo inesquecível, reunindo o grupo completo.

Como muitos de nós, irmãos, vivíamos em lugares diferentes, acreditávamos que um encontro coletivo traria vantagens: organização, economia, possibilidade de troca e convivência. Uma vez sabendo quando iríamos viajar de novo, poderíamos nos planejar com antecedência, guardar dinheiro, dividir as despesas ao chegar no sítio etc. Cada família se preparava para viajar a cada dois anos, na mesma semana, promovendo o encontro sempre bem-vindo de irmãos, irmãs, tios, tias, primas e primos que poderiam, finalmente, conviver ao menos uma vez a cada dois anos.

E assim foi. A Bienal funcionou como o planejado desde a sua primeira edição, em 2001, quando éramos 94 familiares, até a oitava, ocorrida em junho de 2018, quando contávamos 136. Num desses encontros, criamos o *Grupo dos Dez Irmãos*, o qual apelidamos com a sigla G-10 (plágio bem-humorado fazendo referência à organização internacional que reúne, na verdade, onze representantes de países endinheirados, que viabilizam acordos gerais para empréstimos).

Após nosso último encontro, ficou combinado que, se voltar a acontecer, a organização da *Bienal da Família* ficará a cargo do que denominamos "G-32", grupo composto pelos netos de Mizael e Alice. Enquanto existiram, essas reuniões constituíram uma experiência especial, rica, que só trouxe boas lembranças. Graças a ela, os integrantes das novas gerações tiveram oportunidade de se conhecer, conviver, interagir, se entrosar. Minhas filhas, por exemplo, graças às facilidades da tecnologia, seguem se comunicando com os primos e primas com os quais desenvolveram mais afinidades.

A chamada "casa-grande" onde nascemos hoje pertence à Vera, nossa irmã. Tem uns 250 metros de área construída, distribuídos em dezessete cômodos e um alpendre de dimensões avantajadas. Na parte lateral, erguemos um "Espaço Cultural" com 150 metros quadrados, com cobertura em um dos lados, destinado às reuniões, forrós, festas etc. Imagine esse cenário à noite, tendo por claridade a lua cheia. Na madrugada, o sereno e o silêncio. Uma quietude quase absoluta, quebrada, às vezes, pelo som de um ou dois chocalhos de algum animal pastando pelas imediações.

Agora, visualize trinta ou mais redes armadas, bem como colchões espalhados pelo chão, onde adultos e crianças descansavam das brincadeiras e bate-papos do dia. Era uma farra só. Alguns de nós dormíamos em uma das casas dos nossos irmãos (Antônio e Enilson), distantes dali cerca de duzentos metros.

A alimentação ficava sob os cuidados de nossas três irmãs: Francisca (Santa), Vera e Íris, que, ao lado de outras três ou quatro ajudantes que contratávamos, se desdobravam para preparar cafés, almoços e jantares para oitenta pessoas ou mais. Quem vinha de longe, geralmente ficava a semana inteira no sítio. Era o meu caso. Mas a maioria chegava na quinta-feira, porque o auge das reuniões era na sexta, sábado e domingo, quando, após o almoço, a maioria se despedia.

Naquele ambiente predominava a interação e a alegria: ríamos o tempo todo, de tudo e de todos. Um dos nossos alvos prediletos era nosso irmão Luiz (*in memoriam*), que esbanjava elegância

Bienal da Família 191

com um olhar muito característico, e que é até difícil de a gente tentar descrever. O certo é que ríamos desse seu jeito, potencializado pelo vozeirão de seresteiro. Sonhador, arranhando um violão, passou a vida desejando ser famoso. Sem dúvida uma figura inesquecível.

Não era fácil manter a limpeza da casa em meio à correria das crianças levantando poeira no terreiro. A todo momento, alguém empunhava a vassoura na tentativa de dar fim ao pó que insistia em se fixar ao chão. Entre as várias brincadeiras que inventávamos, lembro que, certa vez, juntamos os integrantes do "G-10" e convidamos os demais para votarem no irmão mais bonito e charmoso. Entre os cerca de cinquenta jurados, estavam minhas filhas e minha esposa, Potira (*in memoriam*). Meu irmão Cleodon faturou o primeiro lugar; o segundo, se não me engano, ficou com Enilson, em terceiro colocado ficou Adailson. Quanto a mim, vejam vocês, não obtive sequer um mísero voto, a despeito de, como mencionei, ter entre os jurados minhas três filhas e minha esposa. É como dizem por aí: não dá pra gente ter tudo, certo? Verdade seja dita, o resultado não me abalou. Tanto é que, se esse concurso se repetir outra vez, me inscrevo novamente. Como diz a máxima popular: "A esperança é a última que morre".

Outro momento que rendia risadas, confusões e atropelos era, claro, a hora da partida. Imaginem mais de oitenta pessoas compartilhando os mesmos espaços durante dias, sem desfrutar de guarda-roupa em número suficiente para tanta gente. Nas tardes de domingo, na hora da despedida, era um pandemônio: pertences desaparecidos, trocados, guardados, por engano, na mala ou na bolsa de outro. Ao final, por milagre, tudo terminava se arranjando. É mesmo surpreendente que, durante esses anos, nunca soubemos que alguém tenha se apossado de algo que não fosse seu. A confiança entre nós era total. Exemplo disso é que, após tantas bienais, nunca vi sequer um cadeado naquela casa. Quanto às chaves ou tramelas, só havia as das portas e janelas, que fechávamos à noite, antes de dormirmos.

Outra memória guardada com carinho por mim e pelas minhas três filhas remete ao dia em que fomos ao roçado apanhar algodão, com um saco a tira-colo. Chegamos a colher uns cinco quilos de um tipo

Bienal da Família 193

muito branquinho, classificado como mocó e cuja fibra, segundo nos disseram, é de ótima qualidade.

Dito tudo isso, não consigo imaginar como nós, descendentes de Alice e Mizael, teremos nossos comportamentos afetados por esses novos tempos que se aproximam. Mas me sentiria feliz se pelo menos continuássemos como éramos no início de março de 2020, antes de entrarmos nessa experiência singular decorrente da pandemia do coronavírus. Sairemos disso mais sérios? Mais sombrios? Mais temerosos? Ou será que estaremos mais solidários e unidos, propensos à leveza, à brincadeira, à alegria, às recordações? Da minha parte, desejo que estejamos mais sedentos de vida, de afeto, de descontração, de momentos de troca e partilha. E que, ao fim deste momento dramático, filhos, netos e bisnetos da matriarca e do patriarca da família possam compreender e valorizar o que realmente importa: a vida, a convivência e o amor. E que venham novas bienais!

Finalmente, é meu desejo que essa mensagem em prol da vida, da convivência e do amor possa reverberar não só entre minha família, mas nas de todos vocês que estiveram comigo até agora.

194 *Tempos de Isolamento*

Foi uma viagem e tanto escrever essas memórias e reflexões que me propiciaram tantas coisas boas, dentre elas a possibilidade de manter a qualidade de vida nestes tempos de isolamento. Que possamos todos seguir com saúde, esperançosos e otimistas a respeito não apenas do fim dessa pandemia e, consequentemente, da quarentena, mas, sobretudo, a respeito do novo tempo que poderá advir dessa experiência. Que ele seja o começo de uma era mais feliz, justa e igualitária. Enquanto escrevia este livro, nunca me senti sozinho. Fica aqui meu agradecimento a vocês pela companhia.

Para entrar em contato
com os autores, escreva para:

jxc@cortezeditora.com.br

goimar@uol.com.br

Agradeceremos seus comentários

Bibliografia

ACOPIARA, Moreira. *VIII Cordel da Cortez – Cultura Popular na Escola – 10 anos* (folheto de Cordel). São Paulo, agosto de 2012. Edição do autor.

ANDRADE, Carlos Drummond de. *Reunião:* 10 livros de poesia. Intr. Antônio Houaiss. 8. ed. Rio de Janeiro: José Olympio, 1977.

CASADEI, Silmara Rascalha. *Como um rio – O percurso do menino Cortez.* Ilustrações: Lisie De Lucca. São Paulo: Cortez, 2010.

DANTAS, Goimar; SALES, Teresa. *Cortez – A saga de um sonhador.* São Paulo: Cortez, 2010.

DERIGOND, Solenne. *Migrations nordestines et réinvention de la littérature de cordel au Brésil.* Littératures. Université Rennes 2; Universidade de São Paulo (Brésil), 2019.

HARARI, Yuval Noah. *Na batalha contra o coronavírus, faltam líderes à humanidade.* Trad. Odorico Leal. São Paulo: Companhia das Letras, 2020 (*E-book*).

HAURÉLIO, Marco. *Literatura de cordel – Do sertão à sala de aula.* São Paulo: Paulus, 2013.

KRENAK, Ailton. *O amanhã não está à venda.* São Paulo: Companhia das Letras, 2020 (*E-book*).

LOPES, Cacá. *O semeador de livros* (folheto de Cordel). Capa: Nireuda Longobardi. São Paulo, 2019 (Edição do autor).

SONTAG, Susan. *Doença como metáfora.* AIDS e suas metáforas. Trad. Paulo Henriques Britto. São Paulo: Companhia das Letras, 2007 (*E-book*).